Illustré par

Christian Broutin,
Bernard Dagan, Luc Favreau,
Henri Galeron, Donald Grant,
Gilbert Houbre, Cyril Lepagnol,
Jean-Marie Poissenot,
Graham Underhill,
Pierre-Marie Valat.

Ecrit par

Laurence Ottenheimer-Maquet
et
Diane Costa de Beauregard,
Marie Farré, Anne de Henning,
Maurice Krafft,
Jean-Pierre Verdet.

Conseil éditorial:
Jean-Pierre Verdet, astronome
à l'Observatoire de Paris.

ISBN : 2-07-0355901-8
Editions Gallimard, 1990
Dépôt légal : mars 1990.
Numéro d'édition : 48485
Imprimé à la Editoriale Libraria en Italie

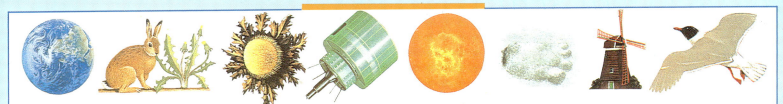

Notre planète dans l'univers

Gallimard

Pourrait-on vivre sur la Terre si le Soleil n'existait pas? Certainement pas! Le Soleil nous donne sa chaleur, il nous éclaire. Il fait pousser les plantes sans lesquelles nous ne pourrions vivre... Sans lui, la Terre ne serait qu'un désert glacé! Il n'est pourtant qu'une étoile parmi cent milliards d'autres. Mais il est au centre du système solaire auquel notre planète appartient.

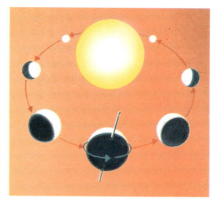

La Terre tourne autour du Soleil en un an et sur elle-même, comme une toupie, en 24 heures. L'axe de cette toupie traverse le ciel tout près de l'étoile Polaire.

Longtemps, les hommes ont cru que la Terre était placée au centre de l'Univers, immobile, et que les astres tournaient autour d'elle. Pourtant, même si tu te crois bien au repos sur ta planète, tu tournes et tu vagabondes à grande vitesse dans l'espace!

Le premier astronome qui ait affirmé cela, il y a plus de quatre cents ans, est Nicolas Copernic.

Comment bouge la Terre?
Si le Soleil semble se lever chaque matin, monter dans le ciel et se coucher chaque soir, c'est parce que la Terre tourne sur elle-même.
Cette rotation qui se fait en un jour et une nuit n'est pas le seul mouvement de la Terre. En tournant autour du Soleil, elle fait aussi un long voyage qui dure toute une année!

La Terre n'est pas la seule planète à tourner autour du Soleil.
En plus de la Lune, elle a huit frères et sœurs.
Ce sont, en partant du Soleil : Mercure (1), Vénus (2), Mars (3), Jupiter (4), Saturne et ses anneaux (5), Uranus (6), Neptune (7) et Pluton (8).

Les planètes, comme la Terre et la Lune, sont froides : elles n'émettent pas de lumière. Elles brillent grâce à la lumière du Soleil qui les éclaire.

Elle fait partie du système solaire.

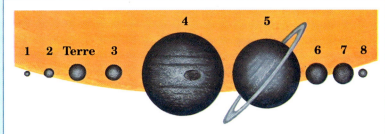

Voici la taille des planètes par rapport au Soleil. Le rapport de leur taille est respecté mais pas celui de leur distance car, pour cela, il faudrait que ton livre fasse un kilomètre de large.

Mercure, Mars et Pluton sont des planètes assez petites avec un sol dur sur lequel on pourrait courir. Jupiter, Saturne, Uranus et Neptune sont plus grosses et gazeuses.

Dans l'espace évoluent aussi des comètes qui viennent des extrémités du système solaire et des météorites qui sont les cailloux du ciel.
Entre Mars et Jupiter, tu vois beaucoup de toutes petites planètes. Les astronomes pensent qu'il s'agit des restes d'une planète qui aurait explosé.

Le Soleil est un million de fois plus gros que la Terre.
Mais c'est un astre petit par rapport aux étoiles géantes qui existent dans l'Univers.
La Terre est une planète solide et dense.
Ses dimensions sont voisines de celles de Vénus. Elle est suffisamment éloignée du Soleil pour ne pas être brûlante.
Vénus est surnommée l'étoile du Berger.
Elle est très lumineuse. Il règne sur son sol une chaleur de près de cinq cents degrés.
Les anneaux de Saturne ne sont pas des couronnes solides mais des particules gelées ou recouvertes de glace. Chacune constitue un minuscule satellite tournant autour de Saturne. Les deux anneaux extérieurs sont très brillants. Viennent ensuite un anneau intérieur semi-transparent et beaucoup moins visible, puis un quatrième très sombre et plus proche de la planète.

La Lune est le satellite de la Terre.

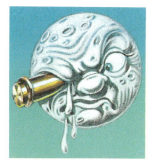

Depuis que les hommes regardent le ciel, la Lune les intrigue. Dans les taches de sa surface, les uns voyaient un visage, les autres un animal ou un personnage. Dire que quelqu'un est dans la lune, c'est dire qu'il rêve. Et les hommes, depuis longtemps, rêvaient d'aller dans la Lune. Promettre la lune, c'était promettre l'impossible... jusqu'à ce qu'en 1969 l'Américain Neil Armstrong pose le pied sur la poussière du sol lunaire.

La Lune est plus petite que la Terre. Son diamètre est environ le quart de celui de notre globe terrestre.

Sans le Soleil, nous ne verrions pas la Lune.

En 1969, deux Américains, Armstrong et Aldrin ont réussi à se poser sur la Lune avec leur module lunaire Apollo 11. Ils ont rapporté des échantillons du sol qui ont été examinés dans des laboratoires.

La Lune ne brille que grâce à la lumière que lui envoie le Soleil. Quand tu la vois bien ronde dans le ciel, tu peux remarquer des taches sombres à sa surface. On les appelle des mers. Pourtant, il n'y a pas d'eau sur la Lune! Ce sont de grandes plaines couvertes d'une poussière grise. Les montagnes forment des taches claires. Elles sont irrégulières, chaotiques et très hautes. Certaines atteignent sept mille à huit mille mètres d'altitude.

Si tu observes la Lune avec de bonnes jumelles, tu devineras la variété du sol. La Lune est couverte de trous de toutes tailles, de sillons et de rainures. Des photographies prises de l'espace nous ont révélé sa face cachée. Nous ne pouvons pas la voir depuis la Terre parce que le temps que la Lune met pour tourner sur elle-même est identique à celui qu'elle met pour tourner autour de la Terre.

L'épaisse couche de poussière est due au balayage permanent de la surface lunaire par de minuscules météorites.

Les échantillons rapportés par les astronautes et analysés en laboratoire ont permis de penser que la Terre et la Lune ont une même origine et ont été formées à la même époque, il y a environ 4,6 milliards d'années. En effet, on trouve dans le sol lunaire des roches identiques à celles de notre planète.

Un clair de lune

9

La Lune et la Terre jouent à cache-cache.

La Lune tourne autour de la Terre comme la Terre tourne autour du Soleil. Si la Lune brillait par elle-même, nous la verrions toujours entièrement lumineuse. Mais la Lune, comme la Terre, est éclairée par le Soleil. Alors, suivant sa position par rapport à nous et par rapport au Soleil, nous la voyons différemment. Ces diverses apparences de la Lune s'appellent les phases lunaires.

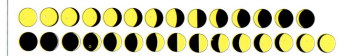

Voici toutes les apparences que prend la Lune en vingt-neuf jours et demi, une lunaison ou un mois lunaire, un peu plus court que nos mois légaux.

Tantôt nous voyons toute la face éclairée de la Lune, tantôt un peu de la partie éclairée. Entre la pleine lune et la nouvelle lune, l'astre prend la forme d'un croissant, de plus en plus large ou de plus en plus étroit.

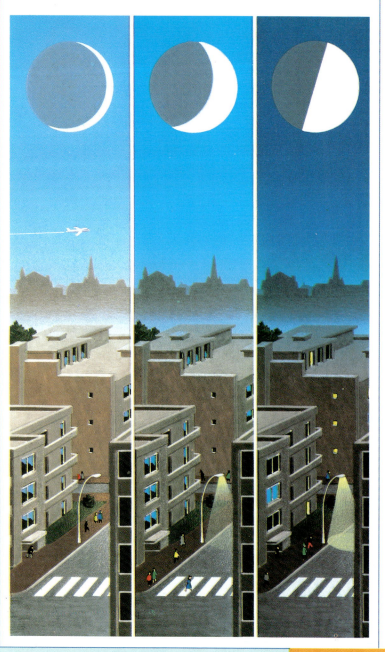

A la nouvelle lune, elle se trouve entre le Soleil et la Terre : elle nous présente sa face non éclairée. Elle est alors invisible. Mais elle apparaît bientôt le soir, comme un mince croissant. C'est le début du premier quartier. Puis la Lune montre à la Terre la totalité de son hémisphère éclairé : c'est la pleine lune. Vus de la Terre, le Soleil et la Lune sont dans deux directions opposées. Le lever de l'un coïncide avec le coucher de l'autre. La Lune devient ensuite visible le matin.

Lune   Terre   Soleil

Position de la Lune, de la Terre et du Soleil au moment d'une éclipse de Lune

Sa partie éclairée diminue peu à peu. Au dernier quartier, on aperçoit encore la moitié du disque lunaire mais, les jours suivants, on ne distingue plus de nouveau qu'un croissant qui s'amincit jusqu'à disparaître. C'est alors le retour de la nouvelle lune et le début d'une nouvelle lunaison.

En observant ce phénomène, les hommes ont pu diviser le temps en semaines et en mois.

La Lune entre lentement dans l'ombre de la Terre, elle s'assombrit puis disparaît provisoirement.

La Lune a des éclipses.

La Terre et la Lune, mois après mois, jouent à cache-cache. Et puisque la Terre est éclairée par le Soleil, elle est accompagnée de son ombre, comme toi quand tu te promènes au soleil. Alors, dans cette partie de cache-cache, il arrive que la Lune passe juste dans l'ombre de la Terre. L'ombre commence à la grignoter, puis la mange toute : la Lune disparaît pour un court moment. Il y a à peu près une éclipse de Lune par an.

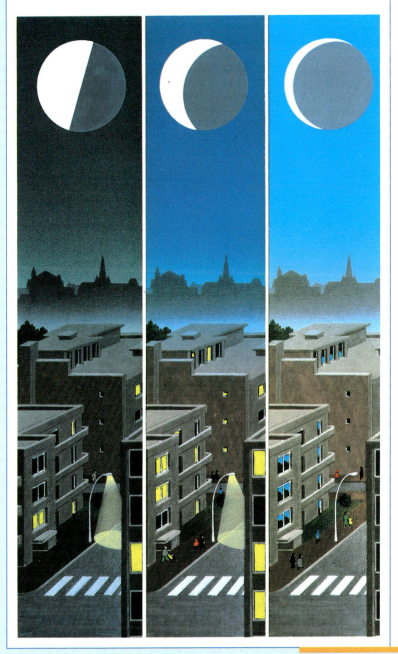

Le bel ordre du ciel est parfois troublé par l'apparition d'une comète. Les comètes sont des petites boules brillantes accompagnées d'un long panache de gaz. Elles viennent du bout du système solaire, passent près du Soleil donc près de nous et repartent se perdre au loin.

La comète de Halley et sa queue faite de poussières et de gaz.
La queue se développe près du Soleil et diminue ensuite.

Dans l'Antiquité, ces étranges apparitions étaient sources de terreur. Pourtant, la Terre, à plusieurs reprises, a traversé des queues de comètes, sans subir le moindre dommage!

La comète observée à Florence par Donati, en 1858, fut l'une des plus belles du XIXe siècle.

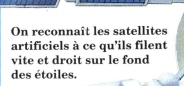

On reconnaît les satellites artificiels à ce qu'ils filent vite et droit sur le fond des étoiles.

Dans le ciel, tu peux voir aussi à l'œil nu la navette spatiale et des satellites artificiels qui tournent autour de la Terre. Ils sont envoyés pour observer la Terre et le ciel.

As-tu déjà vu des étoiles filantes?

Ce sont des météorites, des particules souvent moins grosses qu'un grain de sable qui se déplacent autour du Soleil. Parfois, l'une d'elle passe près de la Terre et tombe dans l'atmosphère. Au contact de l'air, elle brûle. Son passage provoque une traînée lumineuse qui strie le ciel. Elle se désagrège complètement avant de parvenir au sol. Les chutes de grosses météorites sont très rares. La plus grosse connue pèse trente-six tonnes.

Une météorite de cette taille a ravagé la forêt sibérienne sur soixante kilomètres de diamètre en 1908.

Le Meteor Crater, creusé par une météorite dans l'Arizona, aux Etats-Unis, a un diamètre de mille deux cents mètres.

La naissance des étoiles.

Que peux-tu voir à l'œil nu, la nuit dans un ciel sans nuages et sans lune?

Près de deux mille cinq cents étoiles! Avec des jumelles, tu en verrais encore plus!

Dans l'Univers, des étoiles naissent à chaque instant.

Les étoiles naissent souvent en groupes dans d'énormes nuages d'hydrogène. On observe des étoiles en formation dans la nébuleuse Trifide avec un télescope très puissant.

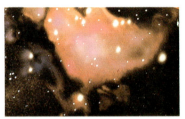

Un nuage de gaz et de poussières commence à se contracter. Il donnera naissance à une ou plusieurs étoiles.

Plus le nuage se contracte, plus les gaz enfermés s'échauffent. A un certain moment, l'étoile se met à briller.

Quand elle a brûlé son hydrogène, elle se dilate : c'est une géante rouge. Puis elle s'effondre et devient naine blanche.

Comment vivent et meurent les étoiles?

Les étoiles sont d'énormes boules de gaz très très chauds. Aussi, elles brillent de leur propre lumière. Mais elles ne brûlent pas comme le charbon. Elles transforment leur gaz principal, l'hydrogène, en un autre gaz, l'hélium. Cette transformation dégage de la chaleur pendant des milliards d'années.

Mais les étoiles finissent par s'éteindre.

Elles explosent si elles sont très grosses. Ou elles refroidissent trop, si elles sont plus petites.
Le Soleil est notre étoile. Elle est moyenne, ni très grosse, ni très petite.

Voici les constellations que tu peux observer dans le ciel en été, en regardant vers le sud :

1. La Lyre	10. Le Verseau
2. Hercule	11. Les Poissons
3. Ophiucius	12. Pégase
4. La Couronne	13. Le Dauphin
5. Le Bouvier	14. L'Aigle
6. La Vierge	15. Le Cygne
7. La Balance	16. Le Serpent
8. Le Sagittaire	17. Le Scorpion
9. Le Capricorne	

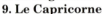

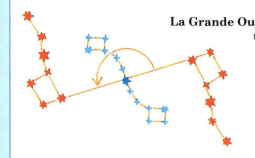

La Grande Ourse et la Petite Ourse tournent chaque nuit autour de l'étoile Polaire, comme les aiguilles d'une montre qui iraient à l'envers.

Certaines étoiles semblent former dans le ciel des dessins : ce sont des constellations.

Depuis longtemps, les hommes aiment leur donner des noms. Connais-tu la Grande Ourse? Cette constellation est formée de sept étoiles qui dessinent une casserole. Le bord de la casserole indique la direction de l'étoile Polaire qui se trouve à une distance égale à cinq fois la hauteur de la casserole. L'étoile Polaire est le point fixe du ciel autour duquel toutes les autres étoiles semblent tourner. Elle marque le nord.

Voici les constellations que tu peux voir dans le ciel en hiver, en regardant vers le sud :

1. Orion
2. Le Taureau
3. Les Pléiades
4. Persée
5. Le Bélier
6. Le Cocher
7. Andromède
8. Pégase
9. Les Poissons
10. Le Verseau
11. La Baleine
12. Eridan

Taureau   **Lion**   **Grande Ourse**

La Terre passe au cours de l'année devant douze constellations qui forment le zodiaque. Les astrologues croient qu'elles règlent notre vie.

Les douze constellations du zodiaque :

Gémeaux	Poissons	Sagittaire	Vierge
Taureau	Verseau	Scorpion	Lion
Bélier	Capricorne	Balance	Cancer

Longtemps, les hommes ont cru que le Soleil était une énorme boule de feu se consumant comme un gros morceau de charbon. S'il en était ainsi, il n'aurait brûlé que sept mille ans! **Or il brille depuis bien plus longtemps.** Le Soleil est comme toutes les étoiles une boule de gaz très chauds : sa surface lumineuse est à quatre mille trois cents degrés. En son centre, la température atteint plus de dix millions de degrés.

Regarde sur cette image le Soleil tel qu'on l'imaginait au XVIIᵉ siècle et tel qu'on peut le voir aujourd'hui à travers un télescope.

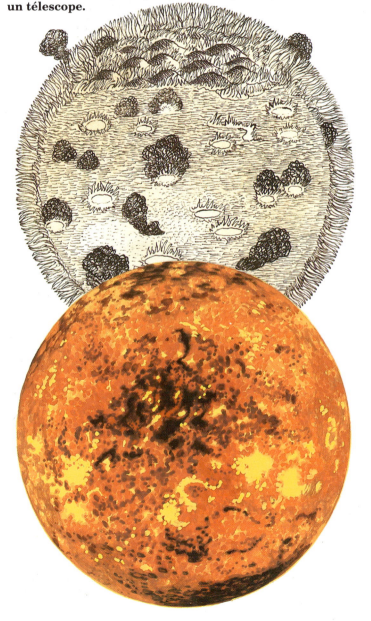

De la matière s'échappe parfois du Soleil, monte dans le ciel et retombe : c'est une éruption solaire.

D'où vient l'énergie du Soleil?

Elle naît dans son centre qui est une énorme bombe à hydrogène, mais une bombe sage qui explose doucement depuis cinq milliards d'années et qui n'en finit pas d'exploser. Les scientifiques prévoient qu'il continuera à le faire pendant encore cinq milliards d'années. Le Soleil a donc atteint le milieu de sa vie.
Quand le Soleil se videra de toute son énergie, il deviendra une étoile naine qui se refroidira et deviendra invisible.

Le Soleil projette continuellement ses rayons.

Quelques-uns frappent notre planète et lui apportent la chaleur permettant aux hommes, aux animaux et aux plantes de vivre. Le Soleil est heureusement assez éloigné de la Terre pour ne pas nous brûler! Ses rayons apportent aussi la lumière. Elle est si forte qu'elle brûlerait tes yeux si tu regardais le Soleil directement.
Le Soleil ne s'arrête jamais de briller, même quand il est caché par une épaisse couche de nuages qui barre la route à sa chaleur et à sa lumière.

Comment la Lune peut-elle parfois cacher le Soleil?
Elle est bien plus petite que lui! Mais comme elle est plus près, tous deux nous semblent de même grosseur.

Pendant que la Terre fait le tour du Soleil en un an, la Lune fait le tour de la Terre en un mois. A peu près une fois par an, la Lune passe devant le Soleil et le cache pendant quelques minutes. Il fait alors presque nuit en plein jour! C'est une éclipse de Soleil.

Seuls les habitants qui sont entre les lignes joignant le Soleil et la Lune, comme le montre ce schéma, peuvent la voir.

En France, la dernière éclipse totale s'est produite en 1961. La prochaine ne surviendra qu'en 1999.

Notre galaxie est un champ de myriades d'étoiles.

Voici notre galaxie, la Voie lactée, vue de profil.

Le Soleil et son système ne sont pas isolés dans l'Univers. Ils appartiennent à un gigantesque ensemble de cent à deux cents milliards d'étoiles appelé **galaxie**.

Par rapport à ces autres étoiles, notre Soleil n'est qu'une étoile banale, comme des millions d'autres.

Notre galaxie s'appelle la Voie lactée.
Elle a la forme d'une spirale, avec des bras bien déroulés.
Vue sous un certain angle, elle ressemble à une immense roue aplatie.
Elle tourne sur elle-même et nous entraîne dans une ronde à travers l'Univers qui se boucle en deux cent cinquante milliards d'années!
Encore un mouvement de la Terre dont tu ne te doutais pas!
Si nous pouvions sortir de notre galaxie et monter très haut au-dessus d'elle pour la voir de face, nous la verrions comme la galaxie des Chiens de chasse ci-contre.

La Voie lactée. Le petit cercle rouge y indique la place de notre coin d'Univers.

Dans l'Univers flottent aussi de grands nuages de gaz et de poussières. Ils brillent si une étoile les illumine. C'est ce qui arrive à la nébuleuse Trifide.
L'Univers est ainsi peuplé de millions et de millions de galaxies qui, pour la plupart, se regroupent, comme le font les étoiles et aussi les planètes. Notre galaxie est grande, mais sa taille reste bien inférieure à celles d'autres systèmes connus comme la galaxie d'Andromède. Elles n'ont pas toutes la même forme.

Par une belle nuit sans lune, tu peux voir dans le ciel un long ruban clair parmi les étoiles. C'est la Voie lactée, notre galaxie.
La Terre et le Soleil se trouvent au bord de la galaxie.

Grâce à des instruments de plus en plus perfectionnés, des télescopes très puissants, les astronomes observent les étoiles invisibles à l'œil nu.

Aujourd'hui, de nombreux satellites équipés de télescopes permettent d'aller plus loin encore dans l'observation de l'Univers.

Le plus grand télescope du monde est en Géorgie, en U.R.S.S.

De l'aube au crépuscule, la course du Soleil.

Il fait chaud, il fait froid, il fait jour, il fait nuit... Les jours et les nuits, les saisons aussi reviennent régulièrement.
Ce sont des rythmes naturels qui obéissent aux lois de notre système solaire. Nous, les hommes, nous sommes parfois heureux que la nuit arrive.
Après une longue journée de travail, nous avons besoin de repos.
Demain, il fera jour!

Le Soleil se lève à l'est.

Chaque jour, le Soleil semble parcourir un grand arc de cercle dans le ciel.
Le matin, il se lève à l'est, puis monte dans le ciel. A midi, il est au plus haut dans le ciel. Puis il passe au sud et redescend se coucher vers l'ouest. Le ciel s'assombrit, voici la nuit.
Pourtant le Soleil est immobile. Il ne se lève ni ne se couche jamais. C'est la Terre qui tourne sur elle-même.
Comme notre planète est ronde, elle ne peut être éclairée qu'à moitié par le Soleil. Sur la partie tournée vers le Soleil, il fait jour. Sur la partie opposée, il fait nuit. Et puisque la Terre tourne sur elle-même, la limite entre les régions où il fait jour et celles où il fait nuit ne cesse de se déplacer. Quand chez toi la nuit tombe, ta maison passe doucement du Soleil à l'ombre. Et quand le jour revient chez toi, ta maison sort doucement de l'ombre et se tourne vers les rayons du Soleil. C'est ainsi que la Terre et avec elle tous ses habitants passent tour à tour par la nuit et par le jour.
Pour faire un tour complet sur elle-même, la Terre met environ vingt-quatre heures. C'est ce qu'on appelle un jour.

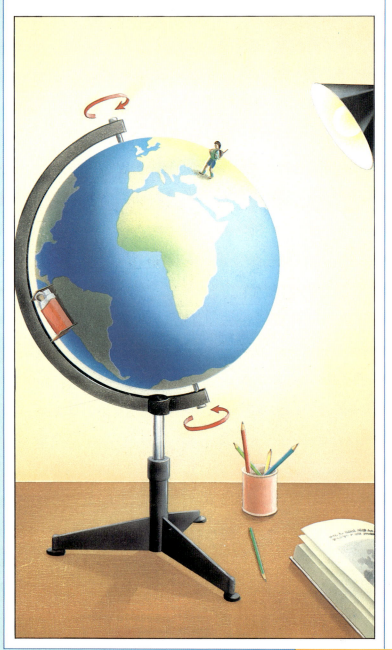

Tous les pays ne vivent pas à la même heure. Quand tu te réveilles le matin, il fait encore nuit noire en Amérique. Le soir, chez nous, correspond au petit matin en Chine.

Le jour, la nuit, le jour... cela revient toujours ainsi.

A midi, la vallée est éclairée.

L'ombre l'envahit peu à peu tandis que le Soleil descend.

Bientôt seuls les sommets restent illuminés.

Enfin, dans le ciel, un avion brille encore.

Les saisons à quatre temps de nos régions.

La Terre fait une immense promenade autour du soleil : presque un milliard de kilomètres en un an, le temps de quatre saisons!

C'est à ce grand voyage que nous devons les saisons. Mais ne crois pas qu'en été la Terre soit plus proche du Soleil. C'est le contraire. La chaleur de l'été vient du fait que le Soleil est plus haut dans le ciel, du fait que ses rayons tombent plus droits sur nos têtes et qu'il reste plus longtemps au-dessus de l'horizon.

Au début du printemps, le Soleil met douze heures pour parcourir sa route de l'aube au crépuscule. Jour et nuit ont une durée égale. Puis chaque matin, il se lève plus tôt et se couche plus tard le soir. Les jours s'allongent, les rayons du Soleil apportent à la Terre plus de lumière et de chaleur. **Au début de l'été,** il fait jour environ seize heures. Dans l'hémisphère Nord, le 21 juin est le jour le plus long : c'est le solstice d'été.

Comme l'axe de rotation de la Terre est incliné par rapport à son axe de révolution, la course apparente du Soleil dans le ciel est différente chaque jour de l'année.

A midi, le Soleil sera au plus haut de l'année. Il fait chaud. Mais à partir du solstice, les jours raccourcissent. **Au début de l'automne,** jour et nuit sont égaux : c'est l'équinoxe. Puis chaque matin, il fait jour plus tard; chaque soir, nuit plus tôt.

Les rayons tombent de plus en plus en biais, nous parviennent moins longtemps. L'air fraîchit. **Au début de l'hiver,** il fait sombre dès cinq heures de l'après-midi. Le solstice d'hiver est le jour le plus court de l'année.

Le Soleil est bas dans le ciel, le froid est là. C'est l'hiver.

Le Soleil est chaque jour un peu plus haut dans le ciel, il fait plus doux. C'est le printemps.

Le Soleil est au plus haut dans le ciel, il fait chaud. C'est l'été.

Le Soleil est moins haut au-dessus de l'horizon, l'air fraîchit. C'est l'automne.

Le Soleil chauffe et éclaire inégalement la Terre.

Comme la Terre est un peu penchée par rapport au Soleil, elle ne reçoit pas ses rayons partout de la même façon. Aux pôles, à l'équateur et aux tropiques, la longueur des jours et des nuits ne varie pas comme dans nos régions et il n'y a pas la ronde de nos saisons.

Si tu vivais près de l'équateur, tu verrais passer le Soleil juste au-dessus de ta tête, à midi. Il est au zénith.

Ses rayons tombent à la verticale et il n'y a pas d'ombre au sol. A l'équateur, jour et nuit sont de même durée toute l'année. Il y fait chaud en toutes saisons.

Vers les pôles, les rayons du Soleil traversent obliquement, de biais, une grande couche de notre atmosphère et perdent au passage une bonne partie de leur chaleur.

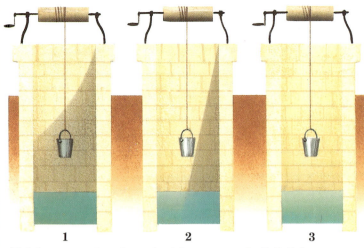

Voici comment arriveraient les rayons du Soleil dans un puits situé aux pôles (1), dans nos régions (2) et à l'équateur (3), où un puits, si profond soit-il, est éclairé jusqu'au fond.

C'est pourquoi il fait froid tout l'année. Ce froid est accentué par la longue nuit polaire qui dure six mois. Pendant cette période, le Soleil ne se lève pas sur l'horizon. Puis vient le grand jour polaire qui dure aussi six mois. On peut voir le soleil de minuit qui semble tourner dans le ciel sans jamais se coucher. A minuit, il s'approche de l'horizon puis remonte sans avoir disparu.

Les voiles multicolores de la nuit polaire.

Aux deux pôles, le jour et la nuit polaires sont inversés. Lorsque le soleil de minuit brille au nord dans l'Arctique, il fait nuit noire dans l'Antarctique, au sud.

Les aurores polaires
La nuit polaire est parfois éclairée de voiles multicolores : les aurores boréales au nord, australes au sud. Leurs couleurs vertes, pourpres ou dorées et leurs formes en cascades, en arcs ou en draperies varient selon l'altitude à laquelle elles se forment. Ce phénomène lumineux est dû au Soleil qui émet sans arrêt un flot de particules chargées d'électricité, le vent solaire. Ce vent solaire ne pénètre dans l'atmosphère qui entoure notre terre qu'au niveau des pôles. Cette intrusion du vent solaire dégage une énorme énergie qui crée ces spectacles féeriques.

Les climats de la Terre sont très variés. Nous vivons à mi-chemin entre le pôle Nord, froid et sec, et l'équateur, chaud et humide. Les pôles sont entourés d'étendues gelées, blanches de la neige et de la glace qui recouvrent le sol. La température peut descendre jusqu'à moins cinquante degrés.

Il existe de grandes régions, **les déserts**, où le sol est très chaud. Aucun nuage ne peut se former au-dessus de ces poêles naturels et il ne pleut presque jamais. La vie est difficile dans les déserts, il y a peu d'animaux et encore moins de plantes.

Sous les tropiques, il pleut beaucoup. Surtout, périodes de pluie et périodes sèches se succèdent régulièrement. L'herbe, très verte à la saison des pluies, devient jaune paille à la saison sèche.

Nous vivons dans un climat tempéré qui ignore les températures extrêmes, même en plein cœur de l'hiver. Il pleut suffisamment pour que la campagne soit toujours verte, nos fleuves sont rarement asséchés comme dans les déserts chauds. Pour nous, soleil et pluie se partagent l'année à parts égales.

Un manteau gazeux entoure notre planète : c'est l'air.

L'air qui nous entoure nous semble invisible, impalpable. Pourtant, il y a bien des façons de sentir l'air.
Dans ta chambre, qui est un endroit petit, il est incolore, mais dehors, à l'horizon, il apparaît voilé de bleu.
Cet air qui nous environne, nous le respirons à chaque instant, sans y prendre garde. Il contient de l'oxygène, indispensable à notre vie.

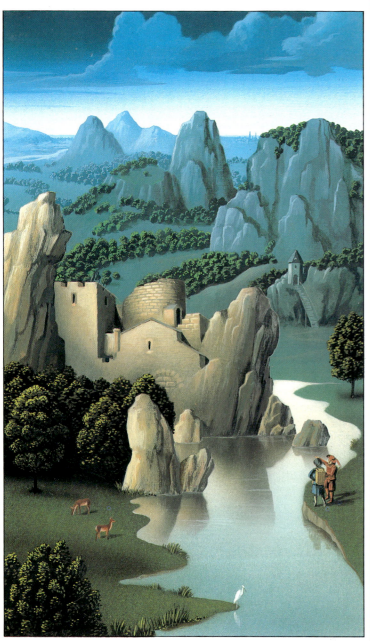

Si tu cours très vite, bras et mains bien écartés, tu sens la résistance de l'air qui freine ta course.

L'air est tout autour de nous.

C'est un mélange de gaz. Il contient essentiellement de l'azote, de l'oxygène et du gaz carbonique.
L'air a un grand pouvoir porteur.
Les avions, les planeurs, les oiseaux et ton cerf-volant s'appuient sur l'air pour voler.

Cette couche d'air qui entoure la Terre, c'est l'atmosphère.

Au niveau le plus bas de la Terre, celui de la mer, nous supportons le poids de toute l'épaisseur de l'air. C'est la pression atmosphérique. Nous ne la sentons pas parce qu'elle s'exerce tout autour de nous.
La pression atmosphérique diminue avec l'altitude. A six mille mètres, elle est diminuée de moitié. Les astronautes, dans l'espace, évoluent dans le vide. Il n'y a plus de pression atmosphérique et s'ils sortaient de leur scaphandre ou de leur cabine, où l'air est maintenu artificiellement, ils exploseraient : leur corps ne serait plus comprimé de toutes parts comme sur la Terre.
L'air, plus rare en altitude, oblige les alpinistes à porter un masque à oxygène lorsqu'ils s'aventurent à de hautes altitudes.

L'atmosphère est un filtre qui nous protège des rayons du Soleil.

La chaleur émise par le Soleil est énorme. Mais la majeure partie se heurte à l'air et repart dans l'Univers.

L'air contrôle les températures de la Terre, diffuse la lumière dans le ciel.

L'autre partie qui parvient à franchir l'atmosphère réchauffe la Terre. Si la Terre conservait la chaleur accumulée pendant le jour, la température s'élèverait tant que les mers bouillonneraient. Heureusement, pendant la nuit, la Terre perd à peu près autant de chaleur que ce qu'elle a reçu pendant le jour. **L'atmosphère joue ainsi le rôle d'une verrière**. Le jour, elle filtre les rayons du soleil. La nuit, elle sert d'écran isolant, et empêche la Terre de trop refroidir.

Sur les hautes montagnes où l'atmosphère est plus mince, la température varie brutalement entre le jour et la nuit. **L'atmosphère diffuse la lumière du soleil.** Sans elle, le Soleil et les étoiles brilleraient en plein jour sur un fond absolument noir. Ce sont les particules en suspension dans l'air qui absorbent la lumière et donnent au ciel ses couleurs.

1. Le soleil se lève. Aujourd'hui, l'air est très humide, la lumière en rebondissant sur les gouttes d'eau reste blanche.

4. Pendant la journée, le ciel change de couleur.

2. Il fait très beau, l'air est pur et sec, il favorise le bleu.

5. Ce sont les rebondissements de la lumière du soleil sur les éléments de l'atmosphère qui colorent le ciel.

3. C'est le soir. Le soleil se couche, il y a des poussières à l'horizon, le ciel est rouge.

6. Bien après le coucher du soleil, sa lumière n'illumine plus l'atmosphère, le ciel devient noir.

Le vent est un immense courant d'air.

Force 0 : calme

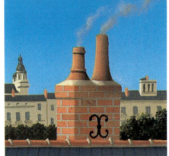

Force 3 : petite brise

Force 6 : vent frais

Force 8 : coup de vent

Les couches les plus proches de l'atmosphère sont rarement immobiles.

Un arbre déformé par le vent

Instables, elles circulent, donnant naissance à des vents.

D'où vient cette instabilité de l'air?

L'air chaud, plus léger que l'air froid, s'élève dans l'atmosphère. Ce sont les différences de température dans l'air qui créent cette agitation. Au bord de la mer, par exemple, dans la journée, l'air frais de la mer vient remplacer l'air chaud de la plage :

La Terre et ses grands courants atmosphériques vus de l'espace

une brise marine souffle vers la Terre. Au ras du sol, l'air est parfois calme : la fumée qui monte droit dans le ciel est bien le signe qu'il n'y a pas de vent. Pourtant, là-haut, les nuages défilent et il y a du vent.

En altitude, vers mille deux cents mètres, soufflent de puissants courants qui font le tour de la Terre. Souvent, les avions les empruntent pour aller plus vite.

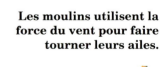

Les moulins utilisent la force du vent pour faire tourner leurs ailes.

Force 10 : tempête

Force 12 : ouragan

La force du vent

On note le vent de 0 à 12 suivant sa vitesse. Force 0 correspond au calme et force 12 à l'ouragan, lorsque le vent dépasse cent vingt kilomètres à l'heure. C'est un amiral anglais, Beaufort, qui a pensé à noter le vent. Ces chiffres forment l'échelle de Beaufort.

Les belles tempêtes de nos régions correspondent au chiffre 10. Il faut aller vers les tropiques pour rencontrer des ouragans de force 12.

Au pôle Nord, le vent souffle en tempête, par rafales violentes. C'est le blizzard. Il éclate si brusquement qu'en quelques minutes on passe du calme absolu à un vent soufflant à plus de quinze mètres à la seconde. Il chasse la neige sur son passage et les hommes n'y voient plus à quelques mètres.

L'éolienne produit de l'électricité grâce au vent qui fait tourner ses ailes.

La trombe est une colonne d'air chaud qui monte en tourbillonnant et se déplace en soufflant tout sour son passage : elle soulève les toits des maisons, arrache les arbres. Elle naît sous des nuages orageux. Plus violentes encore sont les tornades américaines qui ravagent régulièrement les plaines du Mississippi sur plusieurs dizaines de kilomètres de long.

Une trombe

Quand les nuages perdent l'équilibre, il pleut.

Un vieux proverbe dit : « S'il ne pleut pas, prends ton parapluie, s'il pleut, fais comme il te plaira.»
Le temps change souvent. Pressés par le souffle des grands vents, les nuages défilent en légers flocons qui s'effacent à l'horizon ou se pressent et s'accumulent en masses noires qui crèvent au ras du sol.

Mais d'où viennent les nuages?

Il y a de l'eau dans l'air, dans les cours d'eau, sur les montagnes enneigées, mais surtout dans la mer et les océans qui couvrent plus de la moitié de la surface de la Terre. Le Soleil, en chauffant l'eau des océans, la transforme en vapeur. Elle monte alors dans le ciel et y rencontre de l'air plus froid. L'air froid absorbe moins la vapeur d'eau que l'air chaud. Il s'en débarrasse en la transformant en eau liquide, sous forme de gouttelettes.

La ronde de la pluie.

La pluie va vers la rivière qui s'écoule dans la mer. L'eau s'évapore, des nuages se forment qui se déverseront en pluie... L'eau de la Terre n'est jamais perdue.

Tu peux observer chez toi ce phénomène, si tu places une assiette froide au-dessus de l'eau qui bout. Elle se couvre de buée. Au contact de l'assiette froide, la vapeur d'eau redevient de l'eau liquide. Elle se condense. Dans le ciel, les gouttes d'eau, en se réunissant, forment les nuages.

Pourquoi les gouttelettes des nuages tombent-elles?

Ce sont des milliers, parfois des millions de tonnes d'eau qui flottent ainsi sans effort au-dessus de nos têtes. Tous les nuages ne s'accompagnent pas de pluie. Pour que les gouttelettes tombent, il faut qu'elles grossissent.
Les plus grosses absorbent les plus petites, elles s'enflent et deviennent si lourdes qu'elles ne peuvent plus flotter dans l'air. Alors elles tombent, c'est la pluie.

Comment reconnaître les nuages?

Il existe une grande variété de nuages aux formes différentes qui animent le ciel. Certains se développent verticalement comme les cumulus qui ressemblent à de gros choux-fleurs. Ce sont de beaux nuages blancs, épais. Généralement, ils annoncent le beau temps, sauf s'ils s'amoncellent en cumulo-nimbus qui montent dans le ciel comme d'énormes champignons.
Ils sont alors responsables des orages.

D'autres nuages se développent horizontalement en couches minces : les stratus.

Les cirrus ont la forme de flocons. Ils sont blancs, légers et peuvent s'étirer en filaments.
Le nom des nuages qui s'étagent jusque vers deux mille cinq cents mètres commence par «strato», ceux qui restent entre deux mille et six mille mètres, par «alto» et ceux qui flottent au-dessus de six mille mètres par «cirro».
Les cirro-stratus forment une légère brume et comme un halo devant le Soleil ou la Lune.
Les alto-cumulus se forment vers quatre mille mètres et sont disposés en gros flocons plus ou moins espacés. On dit que le ciel est pommelé.
Maintenant, lève les yeux et regarde courir les merveilleux nuages.

1. Cirro-stratus
2. Alto-cumulus
3. Cumulo-nimbus
4. Cumulus

Un éclair jaillit, un bruit d'enfer éclate : l'orage gronde.

Lorsque la journée a été très chaude, l'air devient léger et monte vite et haut. De gros cumulo-nimbus se forment et noircissent l'horizon.
Le vent se lève,
l'orage est proche.
Dans les nuages, les gouttes d'eau montent et descendent.
Tous ces mouvements chargent les nuages d'énormes quantités d'électricité.

Pour les Grecs, un dieu, Zeus, déclenchait la foudre.

Entre deux nuages, ou entre un nuage et le sol, de gigantesques étincelles jaillissent en zigzag : ce sont les éclairs.

La force de l'éclair est terrifiante.

Ce n'est pas grave s'il reste dans le ciel mais, s'il atteint la terre, c'est la foudre qui frappe. Elle peut tomber sur un rocher pointu, sur un clocher, sur un arbre isolé dans un champ ou même sur l'eau.
Le paratonnerre, une antenne reliée à la terre, capte l'électricité de la foudre et la conduit vers le sol, protégeant ainsi les maisons.

A la seconde même où jaillit l'éclair, un énorme bruit gronde et éclate. C'est **le tonnerre.** Même si l'orage est loin, on voit tout de suite la lumière de l'éclair car elle se déplace vite : 300 000 kilomètres à la seconde! Le bruit du tonnerre est plus lent à nous parvenir. Il se déplace seulement à trois cent trente mètres à la seconde.
En comptant les secondes depuis le moment où l'éclair jaillit dans le ciel jusqu'à celui où le tonnerre éclate, tu peux savoir si l'orage est loin ou proche : multiplie le nombre de secondes par la vitesse du bruit.
S'il y a dix secondes entre l'éclair et le tonnerre, l'orage est à trois mille trois cents mètres, soit trois kilomètres trois cents de l'endroit où tu es.

Quand un orage éclate, ne t'abrite pas sous un arbre isolé et rentre vite à la maison.

Après la pluie, l'arc-en-ciel s'arrondit comme un pont sur le ciel.

Parfois, lors d'une averse, le Soleil passe entre deux nuages. S'il n'est pas trop haut dans le ciel, on voit apparaître un demi-cercle lumineux et multicolore : un arc-en-ciel.

La lumière du Soleil nous paraît blanche, mais en réalité, elle est composée de différentes lumières colorées. Lorsqu'un rayon de Soleil traverse une goutte d'eau, il est légèrement dévié de sa route. Mais chaque couleur est déviée différemment.

C'est pourquoi une goutte d'eau peut séparer la lumière du Soleil en plusieurs lumières colorées : les milliers de gouttes d'eau qui flottent dans l'air après la pluie donnent ainsi un arc-en-ciel qui va du rouge, toujours à l'extérieur, à l'orange, au jaune, au vert, au bleu, à l'indigo et au violet.

Si tu places un fin jet d'eau dans la lumière du Soleil, tu verras apparaître les couleurs de l'arc-en-ciel.

Pour bien voir un arc-en-ciel, il faut avoir le Soleil dans le dos et se trouver face aux gouttes d'eau.
On observe en général les arcs-en-ciel tôt le matin ou en fin de journée quand le Soleil est bas sur l'horizon.

Parfois, quand les gouttes sont suffisamment grosses, les rayons lumineux sont réfléchis deux fois à l'intérieur de chaque goutte. Il se forme alors un deuxième arc-en-ciel, au-dessus du premier, mais les couleurs sont inversées.

La neige, c'est de l'eau transformée en glace.

Les étoiles de neige

Lorsque la température tombe brusquement au-dessous de zéro degré, les gouttelettes d'eau des nuages se transforment en très fines aiguilles de glace. Il peut alors neiger. En tombant, ces aiguilles se collent autour d'une poussière qui flotte dans l'air, formant des cristaux.

Ces cristaux s'assemblent toujours d'une manière géométrique et ils possèdent toujours six branches : ce sont des étoiles de neige.

Si l'air est agité, les étoiles, en tombant, s'accrochent les unes aux autres et forment des flocons.

Un flocon, c'est un peu de glace et beaucoup d'air emprisonné entre les aiguilles de glace, comme un oreiller gonflé de plumes, avec de l'air entre les plumes. La neige fraîchement tombée est légère, puis elle se tasse.

Cet enfant qui construit un bonhomme de neige la tasse entre ses mains pour la durcir. Les cristaux légers se soudent et chassent l'air emprisonné au creux de ses étoiles. La neige ainsi compressée devient compacte et le bonhomme sera plus solide. S'il gèle cette nuit, son manteau neigeux se transformera en glace. C'est un peu comme cela que se forment les glaciers.

En montagne, au-dessus de trois mille mètres, le froid règne toute l'année. La pluie y est inconnue. Seule tombe la neige qui s'accumule au pied des parois abruptes. Avec le froid, celle-ci ne fond jamais en totalité. D'année en année, elle forme une couche de plus en plus épaisse qui gèle la nuit, se tasse et se transforme en névé, puis en glace.

Un glacier est une énorme langue de glace.

En s'écoulant dans son lit, vers l'aval, le bas de la pente, le glacier franchit des obstacles et se déforme brusquement, par à-coups. Comme la glace n'est pas très souple, ces mouvements provoquent l'ouverture de crevasses. Avec de sourds craquements, elles s'entrouvrent de quelques millimètres puis, en quelques jours, s'élargissent de plusieurs mètres. Leur profondeur peut atteindre soixante mètres.

Les crevasses se referment parfois, en aval, soudées par le gel. Si la pente est forte, elles se multiplient et forment un entremêlement de pics et d'arêtes de glace, appelé sérac, qui peut à tout moment s'effondrer. Dans l'épaisseur des séracs, on aperçoit les couches superposées de glace, bleue lorsqu'elle est très pure et très dense, blanche si elle contient encore des bulles d'air qu'elle a emprisonnées en se formant.

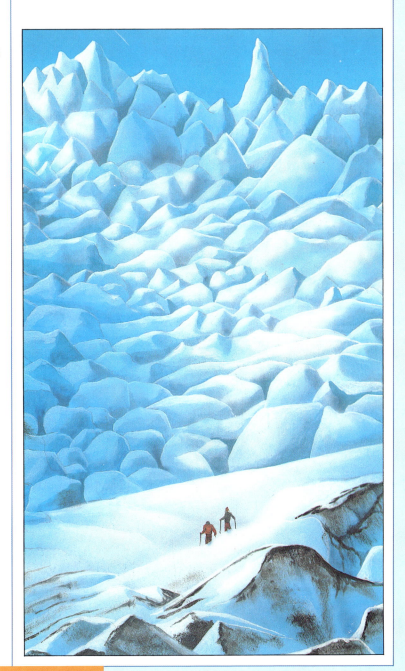

Comment prévoir le temps?

L'observation des nuages et du vent permet de prévoir le temps qu'il fera. La science météorologique dispose de nos jours d'appareils perfectionnés pour étudier ce qui se passe dans l'atmosphère.

Autrefois, les paysans, les montagnards et les marins connaissaient de nombreux signes dans la nature qui les aidaient à prévoir le temps.

La grenouille qui montait hors de l'eau dans son bocal indiquait la venue du beau temps. Si elle restait au fond, le mauvais temps était proche.

Le travail des météorologues

Aujourd'hui, une véritable marée d'informations sur le temps, en provenance du monde entier, submerge les ordinateurs toutes les trois heures. A partir de ces données, les météorologues établissent des cartes de nos pays sur lesquelles s'entremêlent lignes et chiffres. Une fois les analyses faites, les météorologues donnent une bonne idée du temps qu'il fera dans les prochaines heures.

D'où viennent les informations qui permettent de dresser les cartes?

Au sol, des stations enregistrent les mesures prises par divers instruments. Le baromètre indique les variations de la pression, du poids de l'air. A l'approche du mauvais temps, la pression baisse. La girouette donne la direction du vent. L'anémomètre donne la vitesse du vent. Dehors, un abri aéré contient un thermomètre qui enregistre la plus haute et la plus basse température.

Abri météorologique

Girouette

Un hygromètre enregistre les variations d'humidité.
Un pluviomètre, sorte de petit seau gradué, recueille les eaux de pluie.

Des mesures à haute altitude

Les scientifiques utilisent aussi des ballons sondes gonflés à l'hydrogène, qui montent jusqu'à vingt ou trente kilomètres d'altitude en emportant une radio sonde et un réflecteur radar. La radio sonde envoie en permanence vers une antenne au sol des informations sur la température, la pression atmosphérique, l'humidité de l'air. Au sol, un radar braqué sur le réflecteur suit ses déplacements. Grâce à lui, on connaît la vitesse et la direction du vent en altitude. En mer, quatre mille navires mesurent les phénomènes météo à travers le monde.

Des satellites regardent les nuages.

Ils prennent des photos de la Terre, à différentes altitudes. Les clichés retransmis grâce à des radars permettent de corriger les mesures prises au sol, de prévoir l'arrivée d'un cyclone.

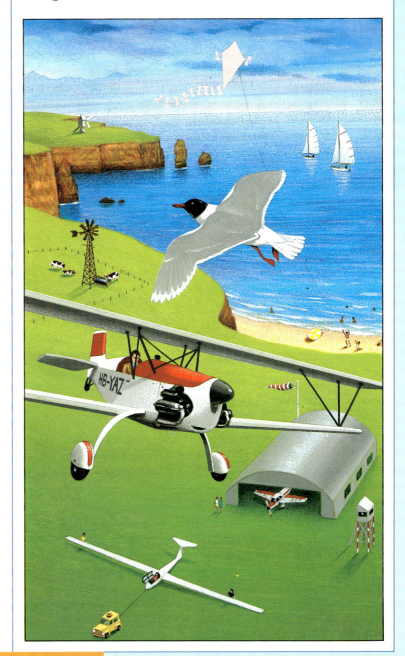

Satellite

A qui sert la météo?

Elle est utile à tout le monde, aux marins et aux pêcheurs qui ont besoin d'être informés sur l'état de la mer, aux agriculteurs qui doivent être prévenus des risques de gelées, aux pilotes d'avion qui choisissent leur route en fonction des vents, aux automobilistes, pour les risques de verglas, et bien sûr, aux vacanciers!

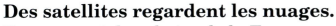

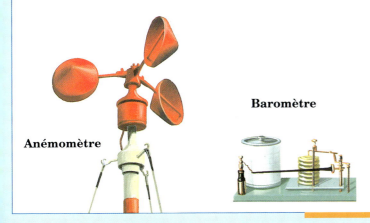

Baromètre

Anémomètre

La planète bleue, c'est notre Terre.

Les photos prises par les satellites montrent que l'eau recouvre les deux tiers de la surface de la Terre. Cette eau forme des centaines de mers et cinq grands océans. Elle abrite en profondeur des chaînes de montagnes, des volcans, des vallées et des fosses abruptes.

Atlantique

Pacifique

L'océan Pacifique est le plus vaste, le plus profond des océans. A lui seul, il est plus grand que l'ensemble des continents. **L'océan Indien**, le plus petit, borde l'Inde. **L'Arctique** entoure le pôle Nord, et **l'Antarctique** le pôle Sud.

L'Atlantique forme une sorte de grand S entre les deux Amériques, l'Europe et l'Afrique.

On pense qu'il s'est creusé lorsque les continents qui le bordent se sont coupés en deux et séparés à une époque très ancienne de l'histoire de la Terre. Ce phénomène est appelé la dérive des continents. En regardant les cartes, on voit que l'Europe, les Amériques et l'Afrique pourraient s'emboîter comme les morceaux d'un puzzle.

Les fonds océaniques se déplacent.

Le fossé qui s'est creusé est loin d'être plat. Des bassins profonds parfois de six mille kilomètres sont séparés par une grande chaîne de montagnes sous-marines s'étirant sur toute la longueur de l'océan.

Depuis qu'il est possible d'explorer les fonds sous-marins, on s'est aperçu que ces chaînes montagneuses étaient constituées de roches volcaniques. Celles-ci sont instables et provoquent l'écartement et le déplacement des continents.

Cinquante millions d'années séparent chacun des globes. Le troisième correspond à notre monde actuel. On dit que l'Amérique s'éloigne de l'Europe de deux centimètres par an.

Depuis environ quarante-cinq ans, les hommes ont mis au point des sous-marins scientifiques de plongée profonde.
Ils ont ainsi découvert **le monde inconnu des grandes profondeurs.**

A mille sept cents mètres sous la surface de la mer, la lumière du soleil ne pénètre plus. C'est l'obscurité totale. Mais déjà, dès cinq cents mètres de profondeur, l'œil humain ne distingue plus rien.

Il fait aussi très froid dans les profondeurs de la mer. La température n'est plus qu'à cinq degrés à mille mètres, à deux ou trois degrés au-delà de deux mille mètres. Dans certains fonds, l'eau est au-dessous de zéro degré mais elle ne gèle pas à cause de sa richesse en sels. Là, dans les grands fonds, les abysses, les algues ne poussent pas à cause de l'absence de lumière. Seuls vivent quelques animaux aux formes étranges.

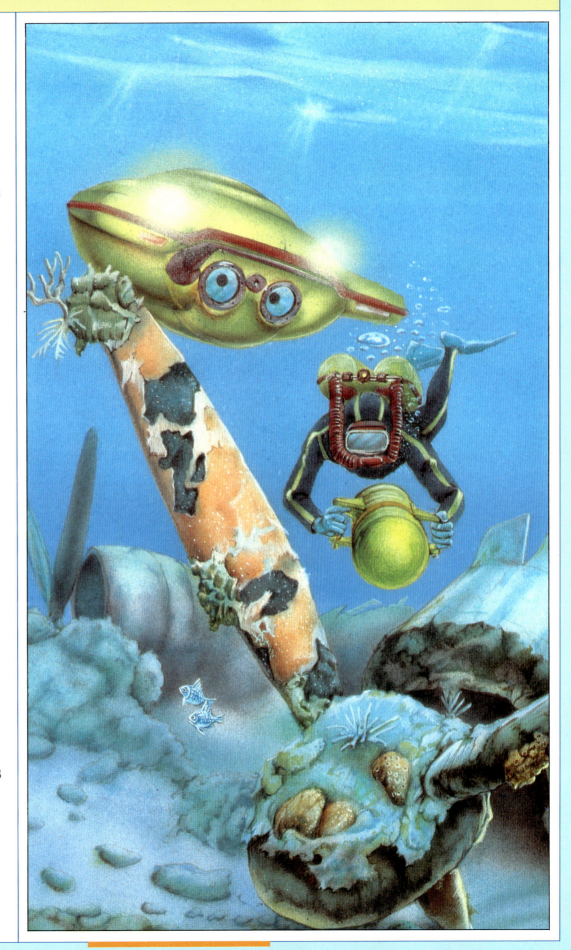

Les grands mouvements de la mer.

Le Gulf Stream circule dans le sens des aiguilles d'une montre.

Les énormes masses liquides que sont les mers et les océans sont agitées par des mouvements plus ou moins profonds.
Les courants sont comme des fleuves dans la mer. Ils circulent toujours dans le même sens. Ils sont créés par les vents et par la rotation de la Terre

Les eaux plus ou moins chaudes et salées, en se rencontrant, peuvent aussi créer des courants. Le courant le plus célèbre est le Gulf Stream. Les pêcheurs l'ont découvert, il y a longtemps, en poursuivant les baleines. Ces gigantesques mammifères marins longeaient le Gulf Stream sans jamais y pénétrer.

Le Gulf Stream, courant chaud, naît au large de la Floride et adoucit le climat des côtes européennes. Les navires le prennent pour se rendre en Europe et l'évitent quand ils vont vers l'Amérique. En 1947, un Norvégien, sur son radeau, le Kon Tiki, se laissa dériver au gré du courant de Humboldt, du Pérou jusqu'en Polynésie. Cette traversée du Pacifique sud dura trois mois.

Au bord de l'océan, l'eau monte puis descend, ce sont les marées.
Elles sont dues à l'attraction de la Lune et du Soleil sur la Terre, qui fait gonfler la masse des océans.
Au large, la marée passe inaperçue.
Sur nos côtes, l'eau monte en six heures et douze minutes et redescend dans le même temps. Il y a ainsi deux marées par jour.
Mais de jour en jour, l'heure des marées se décale de près d'une heure.

Les vagues se lèvent, s'abaissent, semblent se déplacer, mais l'eau qui s'y trouve n'avance pas. Elle ondule et l'oiseau sur la vague reste au même endroit.

A sa surface, la mer est agitée de vagues.

Le vent qui souffle sur la mer fait naître des vagues. Celles-ci ondulent à la surface des eaux, formant la houle. Les vagues sont des ondes. Au bord des côtes, elles déferlent et se brisent en gerbes d'écume. Au large, quand le vent souffle en tempête, des vagues aussi hautes qu'un paquebot peuvent se former.

On observe souvent des vagues sur la mer alors qu'il n'y a pas de vent car ce mouvement se propage loin du lieu où il a pris naissance, comme des ondes dans une mare qui s'élargissent autour du point où l'on a jeté une pierre.

Des vagues soulevées par des vents proches des Etats-Unis peuvent se briser à cinq mille kilomètres de là, sur les côtes d'Europe.

Lorsqu'il y a des vagues, la mer n'est agitée qu'en surface. Plus bas, les poissons nagent dans le calme.
En revanche, il existe des remous sous-marins mais ils ne troublent pas les bateaux.

Les raz de marée sont de terribles vagues. Certains sont créés par de violents ouragans qui soulèvent une énorme masse d'eau et provoquent de grandes inondations. Les autres, les vrais raz de marée, sont créés par des tremblements de terre sous-marins ou par une explosion volcanique sous la mer. Ils sont appelés tsunamis, nom japonais, car ils sont malheureusement fréquents dans ces régions du Pacifique. Ils causent de terribles dégâts à l'intérieur des terres.

De la glace de terre : les icebergs. De la glace de mer : la banquise.

Dans les régions polaires, au nord et au sud, l'eau de la mer gèle et forme la banquise.
Son épaisseur varie selon les saisons et elle ne reste bien unie que dans les régions abritées. Le plus souvent, les courants, les vents du large la morcellent en blocs séparés par des chenaux.
Avec les vents, les blocs s'entrechoquent et constituent d'énormes masses de glace aux formes étranges, hérissées d'arêtes.

Un iceberg du pôle Nord

D'où viennent les icebergs, ces châteaux de glace qui flottent et dérivent sur la mer?
Contrairement à la banquise, la glace des icebergs est faite d'eau douce.
La calotte de glace qui recouvre les terres de l'Antarctique et de l'Arctique est appelée inlandsis. L'inlandsis se ramifie en glaciers qui avancent en permanence et débouchent sur la mer. Là, ils se cassent et forment les icebergs. Au pôle

Un iceberg du pôle Sud

Nord, ceux-ci sont généralement pointus. Au pôle Sud, les glaciers s'écoulent aussi jusqu'à la mer et flottent sur des dizaines de kilomètres comme une immense table. Les icebergs qui s'en détachent sont tabulaires, comme de grandes plates-formes. La partie immergée d'un iceberg est dix fois plus grande que sa partie visible. Il peut mettre deux à quatre ans pour se dissoudre dans la mer. Les bateaux qui naviguent dans les eaux polaires redoutent les icebergs. Une patrouille internationale des glaces surveille les zones dangereuses et signale aux navires la position des icebergs qui dérivent sans cesse.

La plus grande partie de l'iceberg se trouve sous l'eau.

Estuaire

Delta

Le long des côtes, le paysage varie souvent en l'espace de quelques kilomètres.

Certaines côtes sont rocheuses et élevées, elles forment des falaises. D'autres sont basses, le vent y a accumulé le sable en formant des dunes. Les côtes sont rectilignes ou bien découpées en criques, en baies, en anses séparées par des pointes ou des caps ou encore hérissées de récifs, d'îlots rocheux, de barrières de corail.

La mer pénètre-t-elle à l'intérieur des terres?

Par l'embouchure des fleuves, l'eau salée de la mer se mêle à l'eau douce.

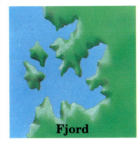

Lagune

Fjord

Cette embouchure peut être un estuaire : le bras du fleuve s'élargit. Le courant de la marée s'y fait sentir parfois loin à l'intérieur des terres. Si le fleuve se divise en plusieurs bras, il forme un delta. Les bras sont séparés par des îlots de vase ou d'alluvions que le fleuve a transportées.

La lagune est une étendue d'eau abritée par un cordon de sable. Les fjords de Norvège sont d'anciennes vallées glaciaires qui ont été envahies par la mer. Celles-ci pénètrent profondément à l'intérieur des terres.

La côte change sans cesse.

Tantôt elle recule, attaquée par la mer, tantôt elle avance, au gré des alluvions apportées par les fleuves.

Les montagnes sont les toits du monde.

Les montagnes se dressent sur tous les continents. Leurs sommets aux formes découpées, leurs vallées profondes, leurs versants le long desquels la roche apparaît souvent à nu inspirèrent longtemps la peur. Les hommes pensaient jadis qu'elles étaient habitées par des dieux, des démons et des génies. Elles sont restées longtemps inaccessibles. Aujourd'hui, presque tous les sommets ont été vaincus.

A l'intérieur de la Terre

Comme un abricot, la Terre a un noyau, une chair, le manteau, et une peau, la croûte. Au fur et à mesure que l'on va vers le centre de la Terre, il fait de plus en plus chaud et la pression augmente. La partie interne du manteau est visqueuse, la partie externe plus solide. La croûte est une mince couche de roche refroidie.

Il y a des millions d'années, les continents qui ne formaient qu'une masse se sont séparés. Ce ballet qui unit et sépare les continents semble se répéter tous les deux cents millions d'années.

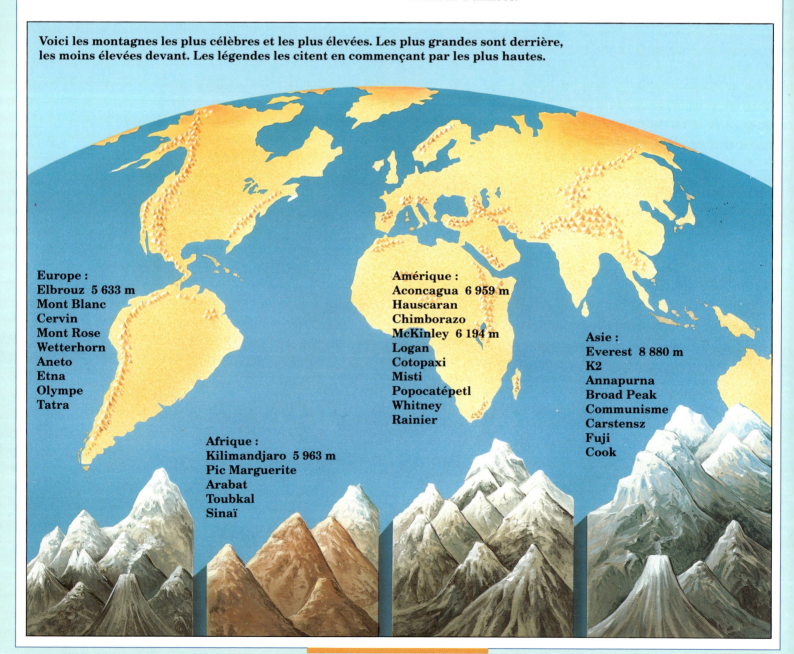

Voici les montagnes les plus célèbres et les plus élevées. Les plus grandes sont derrière, les moins élevées devant. Les légendes les citent en commençant par les plus hautes.

Europe :
Elbrouz 5 633 m
Mont Blanc
Cervin
Mont Rose
Wetterhorn
Aneto
Etna
Olympe
Tatra

Afrique :
Kilimandjaro 5 963 m
Pic Marguerite
Arabat
Toubkal
Sinaï

Amérique :
Aconcagua 6 959 m
Hauscaran
Chimborazo
McKinley 6 194 m
Logan
Cotopaxi
Misti
Popocatépetl
Whitney
Rainier

Asie :
Everest 8 880 m
K2
Annapurna
Broad Peak
Communisme
Carstensz
Fuji
Cook

Comment naissent les montagnes?

Des courants puissants repoussent le manteau vers la croûte de la Terre.

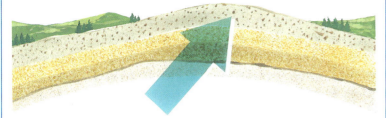

Sous la pression des profondeurs, l'écorce terrestre se plisse. Les plis s'élèvent droits, couchés ou bien se fracturent.

Celle-ci est composée de plaques qui dérivent sans cesse sur le manteau visqueux.

Aussi, sous l'action des forces souterraines, ces plaques s'écartent, se heurtent, coulissent les unes sur les autres et font bouger le relief de la Terre. Quand deux continents se rapprochent, ils forment des plis comme les soufflets d'un accordéon : ce sont les montagnes. L'Himalaya est dû à des chocs violents survenus il y a des millions d'années entre l'Asie et l'Inde. Les Alpes sont nées du rapprochement entre les continents africain et européen. Ces mouvements s'étalent sur des millions d'années!

Les montagnes ont jailli à la vitesse de 0,20 m à 1 m par millénaire.

Les montagnes jeunes se reforment au fur et à mesure qu'elles s'érodent.

L'Himalaya et les Alpes sont des montagnes jeunes. Elles ont commencé à s'édifier il y a environ quarante millions d'années et continuent de grandir de quelques millimètres par siècle. Le vent, la neige et la glace, les torrents les ont sculptées, mais leurs sommets restent élevés, leurs pentes abruptes et leurs vallées encaissées.

Formation de l'Himalaya

Les Vosges et le Massif Central sont des montagnes beaucoup plus anciennes. Leurs sommets ont été aplanis au fil du temps.

L'Himalaya, les Andes sont de gigantesques forteresses.

Les sherpas, qui habitent les montagnes du Népal, portent des charges aussi lourdes qu'eux.

Les montagnes sont rarement isolées. Elles forment de vastes chaînes qui s'étirent en guirlandes. La plupart appartiennent à deux grands ensembles : le premier regroupe les Alpes, le Caucase, au sud de l'U.R.S.S., et l'Himalaya. Le second entoure le Pacifique et se compose des montagnes Rocheuses de l'Amérique du Nord, la cordillère des Andes de l'Amérique du Sud, les montagnes du Japon et de la Nouvelle-Guinée.

Les hautes montagnes forment des barrages qui arrêtent les nuages.
Pour les franchir, les nuages doivent s'élever plus haut. Mais alors, ils se refroidissent et crèvent en pluie ou en neige. Les versants des montagnes exposés aux vents qui apportent les nuages sont humides. Les autres, plus abrités, sont plus secs. La neige, la glace des montagnes sont des réserves d'eau pour les torrents et les rivières.

Sur le lac Titicaca, à près de quatre mille mètres d'altitude, les descendants des Incas construisent des pirogues en roseaux (à gauche).

Le paysage des montagnes change avec l'altitude et l'ensoleillement d'un versant.

Au fur et à mesure qu'on s'élève, le froid se fait plus vif et les arbres cèdent peu à peu la place aux prairies. Plus haut encore, l'herbe disparaît, les lichens et les mousses s'accrochent aux rochers.

Au-dessus enfin, voici le domaine des neiges éternelles : d'une année à l'autre, la neige recouvre en permanence ce dernier étage de la montagne. C'est là que les glaciers prennent naissance.

Malgré le climat très rude, les plus hautes montagnes ont toujours été peuplées par les hommes.

Dans les vallées de l'Himalaya, sur les versants sud exposés aux pluies de mousson abondantes en été, les paysans ont creusé les pentes et aménagé des terrasses pour cultiver le sol.

Sur les hauts plateaux, plus arides, des nomades élèvent chevaux, moutons et yacks.

La cordillère des Andes, gigantesque muraille de sept mille cinq cents kilomètres de long, s'étire du Mexique jusqu'à la Terre de Feu, l'extrême pointe du continent.

Dans l'Himalaya, l'Everest culmine à huit mille huit cents mètres d'altitude, à la frontière du Népal et du Tibet, en Chine (à gauche). A ses pieds, les rizières s'étagent en terrasses.

Les Indiens de Bolivie et du Pérou vivent à plus de trois mille cinq cents mètres d'altitude.

Ses hautes chaînes, appelées sierras, encadrent un vaste et haut plateau intérieur, l'altiplano, situé entre trois mille et quatre mille cinq cents mètres d'altitude. L'air y est raréfié, la végétation, battue par le vent, bien maigre.

Le Machu Picchu, au Pérou

Les volcans sont des montagnes vivantes.

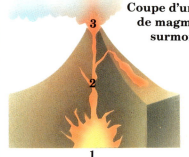

Coupe d'un volcan : 1 Réservoir de magma. 2 Cheminée. 3 Cône surmonté d'un cratère.

D'où viennent les roches brûlantes, les cendres, les vapeurs qui sortent des volcans? De l'intérieur de la Terre qui, telle une gigantesque chaudière, contient des roches liquides animées de courants : le magma. Parfois, le magma s'échappe : c'est une éruption.

A l'intérieur de la Terre, il fait très chaud, jusqu'à 5000 °C! Aussi, les roches fondent à certains endroits, formant des poches appelées réservoirs de magma. Lorsque le magma parvient à se frayer un passage par une fissure de l'écorce terrestre, il jaillit à sa surface, poussé par des gaz. Les éruptions peuvent durer quelques instants, des semaines ou des années.

La lave chaude est rouge. Quand elle refroidit, elle durcit et devient grise ou noire.

Quand le magma sort de terre, il change de nom et s'appelle lave. Si elle est très pâteuse, la lave forme des dômes ou bien est projetée en blocs, les bombes volcaniques, et en fines poussières, les cendres. Si la lave est très fluide, très chaude, elle s'épanche en coulées sur les pentes du volcan ou forme des lacs au fond des cratères.

A Paricutin, au Mexique, en 1943, un paysan labourait son champ quand le sol s'est mis à trembler.

Il faut avoir beaucoup de chance pour assister à la naissance d'un volcan. Cela n'arrive que quelquefois par siècle.

Le lendemain, il y avait un volcan à la place du champ.

En 1963, le volcan Surtsey est sorti de la mer au sud de l'Islande. Il donna naissance à une nouvelle île. Pendant quatre ans, il offrit le spectacle d'un combat magnifique entre l'eau et le feu. Où naîtra le prochain volcan? Peut-être au fond des mers, car c'est là qu'il en surgit le plus.

Les coulées de ce volcan nouveau-né ont, plus tard, englouti le village, n'épargnant que l'église.

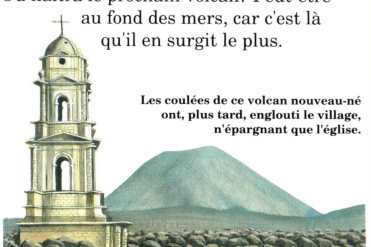

On dit qu'un volcan est éteint quand la lave est solidifiée à l'intérieur de la cheminée.

Le vent, le gel, la pluie attaquent alors le cône, dégageant la lave durcie qui se dresse, formant un piton, un «neck». Dans le Massif Central, en France, il y a beaucoup de volcans éteints. On peut monter sur des dômes de lave, descendre dans des cratères. Ces volcans éteints se réveilleront-ils un jour? Impossible de le savoir!

Le réveil est parfois spectaculaire!

Il y a quelques années, une énorme explosion a décapité le mont Saint-Helens, volcan situé dans l'ouest des Etats-Unis. Il a perdu d'un coup 430 mètres de hauteur.

Le Cotopaxi est le plus haut volcan de l'Equateur. Il dort pour le moment.

Un volcan est souvent couronné par un cratère.

Celui-ci se forme soit parce que le sommet du volcan s'effondre, une fois l'intérieur de la cheminée vidée de son magma, soit parce qu'il explose et forme un trou, comme le ferait un pétard enfoncé dans le sol.

Quand un cratère est éteint, son fond peut devenir imperméable. Il forme alors une cuvette où l'eau de pluie s'accumule. L'eau des lacs-cratères est souvent tiède.

Comment lutter contre la force des volcans?

Il y a dix fois plus de volcans actifs sous les océans que sur les continents.
Presque tout le fond des mers est recouvert de lave durcie, de basalte.
La lave y prend des formes bizarres. Elle crée des polochons ou des cordes qui sont très vite refroidis au contact de l'eau. Il arrive qu'à force de grandir, un volcan sous-marin atteigne la surface. Alors nous pouvons voir un extraordinaire spectacle sur la mer, fait de violentes explosions et de grandes gerbes de vapeur.

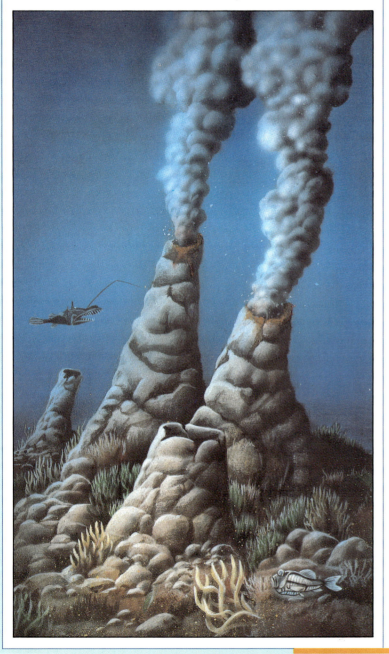

Que faire devant les coulées de lave ou les torrents de boue?
Si un volcan devient menaçant, le plus prudent est d'évacuer rapidement les environs. C'est ce qu'ont pu faire les habitants d'un village d'Islande quand un volcan endormi depuis cinq mille ans s'est réveillé. Leurs maisons furent ensevelies sous les cendres mais ils purent dévier une coulée de lave qui se dirigeait vers le port en l'arrosant avec des lances. L'eau a refroidi et durci la coulée qui s'est immobilisée.

Pour éviter que les volcans ne tuent, il faut comprendre comment ils fonctionnent. C'est le travail du volcanologue.
Prévoir exactement quand un volcan va entrer en éruption n'est pas facile.
Les volcanologues sont cependant sans cesse à l'affût. Ils observent les variations de forme du volcan. Ils enregistrent les vibrations du sol, les changements

Des barrages de pierre et de terre, construits à l'aide de bulldozers, permettent parfois de dévier une coulée de lave.

des températures et des gaz, détectent les déformations du sol qui se gonfle et se dégonfle.
Tous ces signes qui peuvent être mesurés et analysés grâce à des instruments perfectionnés annoncent la circulation et la montée du magma vers la surface, donc le réveil du volcan.

Un volcan qui surgit de la mer donne naissance à une île.

Il y a plus de 10 000 volcans récents sur la terre ferme!

Carte des volcans les plus célèbres. Ci-dessous, l'éruption de la montagne Pelée, à la Martinique, en 1902.

La ville de Saint-Pierre fut engloutie par un énorme nuage de cendres. Les vingt-huit mille habitants furent tués en deux minutes.

Les principales zones de tremblements de terre, appelées «zones sismiques», se situent au contact des grandes plaques qui constituent l'écorce de la Terre. Les tensions qui s'y produisent sont dues aux mouvements du manteau, partie de la Terre qui se situe sous la croûte solide sur laquelle nous vivons. Lorsque ces tensions vont jusqu'à la rupture de l'écorce terrestre, c'est un tremblement de terre.

Notre planète Terre est bien vivante : à chaque minute, son écorce est parcourue d'un séisme, tantôt faible, tantôt violent et meurtrier.

Parfois, le frottement entre les plaques devient si fort qu'il y a accrochage. Le brusque glissement de millions de tonnes de roches produit une secousse qui se propage sous la forme d'ondes.

Les tremblements de terre.

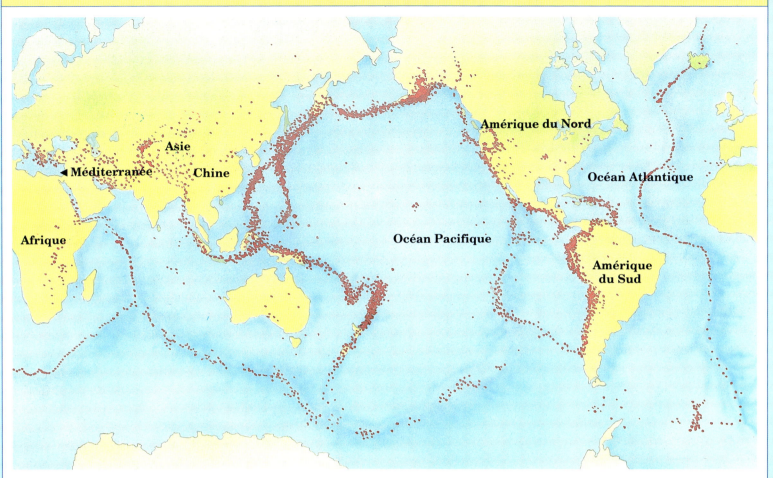

Asie

◄ Méditerranée   Chine

Amérique du Nord

Océan Atlantique

Afrique

Océan Pacifique

Amérique
du Sud

D'où partent les secousses?

Du foyer du séisme, situé à moins de quatre-vingts kilomètres de profondeur, sur le manteau. Elles se propagent jusqu'à la surface, où elles touchent une région plus ou moins étendue. Le centre de cette région de la surface s'appelle l'épicentre.

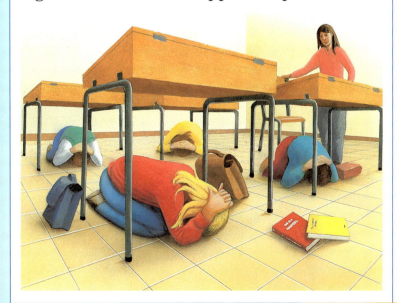

Les zones sismiques les plus importantes forment une guirlande tout autour du Pacifique et une autre de la Méditerranée à la Chine. Les autres se trouvent près des chaînes de montagnes qui sillonnent les fonds marins.

On mesure la force des séismes grâce aux sismographes.

Ces appareils mesurent l'énergie libérée par les secousses. Elle est graduée, selon l'échelle de Richter, de 1 à 9. L'échelle d'intensité va de 1 à 12 et mesure le degré de destruction engendré par le séisme. En 1906, un séisme d'intensité 11 a détruit la ville de San Francisco et ouvert une faille de quatre cent vingt kilomètres de long. Rien ne permet de prévoir la date précise d'un séisme. Dans les zones sismiques, on construit des immeubles qui résistent mieux aux secousses.

Dans les pays menacés par les séismes, des consignes sont données dans les écoles. Si l'on est surpris à l'intérieur par des secousses, il faut se précipiter sous un meuble solide.

Dans certaines régions, où les roches calcaires tiennent une grande place dans le relief, de féeriques paysages se forment à des profondeurs incroyables : rivières souterraines, grottes, cavernes reliées par des galeries inclinées, forment de véritables labyrinthes.

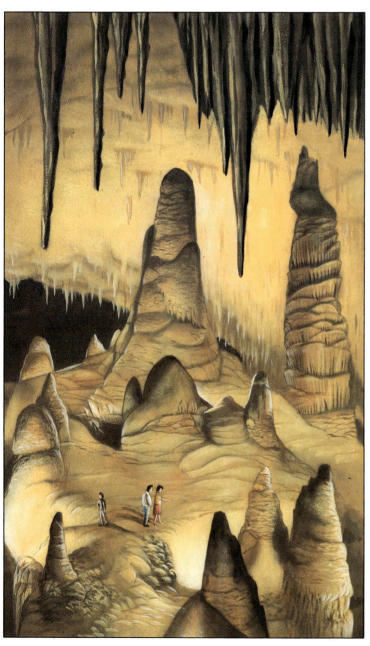

Comment se forment les rivières souterraines et les grottes?

Quand il pleut, une grande partie de l'eau qui tombe sur le sol pénètre dans la terre. Dans les terrains calcaires, l'eau s'infiltre jusqu'à ce qu'elle rencontre une couche de roches imperméables qui ne la laissent pas passer. Elle forme alors une nappe phréatique qui imbibe le sol en profondeur et qui s'écoule lentement. Quand cette eau réapparaît à la surface, c'est une source.

L'eau qui s'infiltre dans le sol se mélange au calcaire, le dissout et creuse, avec le temps, des canalisations naturelles d'eau : les grottes.

D'étranges colonnes s'édifient dans les grottes.

Lorsque les infiltrations parviennent dans une grotte souterraine, l'eau s'écoule goutte à goutte et dépose lentement des sels minéraux : en s'empilant, ils font croître de quelques millimètres par an des figures minérales aux variations multiples.
Celles qui pendent de la voûte sont les stalactites. Celles qui s'élèvent, les stalagmites, se forment au sol, à l'endroit même où tombent les gouttes.

Les spéléologues explorent les grottes et les rivières souterraines.

Avec leurs formes de tuyaux d'orgue, de draperies, de tiges géantes ou d'immenses bougies fondantes, ces colonnes calcaires ont un aspect féerique. Parfois, stalactites et stalagmites se rejoignent pour former, du sol au plafond, une seule colonne : un spectacle magnifique pour les visiteurs des grottes!

La spéléologie permet d'étudier le sous-sol (géologie, minéralogie), les cours d'eau (hydrologie), l'érosion, les gaz souterrains, la faune et la flore (zoologie, biologie), les fossiles (paléontologie). Elle intéresse même la médecine en effectuant des expériences de survie…

Aller sous terre.

Pour explorer des cavernes inconnues ou dangereuses, les spéléologues emportent un matériel perfectionné : cordes, échelles souples pour les escalades, appareils radio pour rester en contact entre eux et avec la surface, treuils pour les grandes descentes verticales, canots pneumatiques ou scaphandres autonomes pour l'exploration des rivières souterraines.

Cheminées de fées au Canada

Les vagues de la mer détruisent ton château de sable, le courant du ruisseau ton petit barrage de galets... De même, le relief de la Terre est peu à peu usé, transformé par l'eau de la pluie, des rivières, de la mer, par la neige ou la glace, le vent, le gel ou la chaleur. Ce travail de destruction s'appelle l'érosion.

Rongées à leur base par les vagues, les falaises de craie s'écroulent. Les pierres, une fois usées, formeront les galets.

Sur les côtes, les vagues bombardent la roche.

La force des vagues est énorme.
En soulevant sable et galets qu'elles projettent à la base des falaises, elles les font reculer et construisent des grottes sous-marines.
Le long des côtes, si la roche est peu résistante, la mer forme des baies.
Si la roche est plus dure, elle forme des pointes et des caps.

Les coups de griffe des torrents

L'eau de pluie, en arrivant au sol, s'évapore, s'infiltre dans la terre ou ruisselle à sa surface. Elle s'écoule alors en multiples filets qui se rassemblent en torrents dans les montagnes. Chaque filet, chaque torrent arrache et emporte avec lui de la boue et des cailloux. En roulant dans l'eau, ces matériaux creusent le sol, découpent les pentes en ravines ou arêtes.

Des eaux souterraines ont usé une grande colline de calcaire dont il ne reste plus que ces étranges pics acérés pointant au-dessus de la jungle de Bornéo.

L'érosion sculpte, modèle la surface de la Terre.

En altitude, le grand destructeur est le gel.

La neige et l'eau de pluie s'infiltrent dans les multiples fissures des roches et se transforment en glace, lorsque, la nuit, la température descend en dessous de 0 °C. En gelant, l'eau augmente de volume et fait éclater la roche, découpant peu à peu les montagnes en aiguilles et en pics. Peu à peu, au fil des millénaires, les plus vieilles montagnes ont été réduites en collines aux sommets arrondis puis à des surfaces presque plates : les pénéplaines.

Dans les déserts, le grand travailleur est le vent.

Il entraîne poussières, grains de sable ou petits galets. Chargé de ces matériaux, il sculpte le paysage en lui donnant parfois des formes extraordinaires de champignons, de clochers, de colonnes...

Ces vieux volcans sont éteints depuis longtemps. Avec le temps, leurs sommets ont été arrondis et aplanis en formes douces.

Où vont tous les débris arrachés?

Ils se déposent ailleurs et font naître d'autres formes de relief.

Au pied des montagnes s'entassent des éboulis de pierre; le long des glaciers, des moraines; au pied des falaises, des plages. Dans les déserts, des dunes se construisent. Certaines n'ont que quelques centimètres de hauteur et se forment à l'abri d'un caillou ou d'une touffe d'herbe qui bloque l'avancée des grains de sable. D'autres ont la forme d'un croissant dont les cornes s'allongent dans le sens du vent. D'autres encore sont des pyramides aux arêtes tordues en spirale par des vents tourbillonnants. Elles peuvent avoir de quinze à cent mètres de haut.

Ainsi, le relief de la Terre change sans cesse, comme une machine en perpétuel mouvement.

Quelques gouttes de pluie arrachent, en le frappant, le plus dur granit. Le long des fissures, la roche est débitée en blocs.

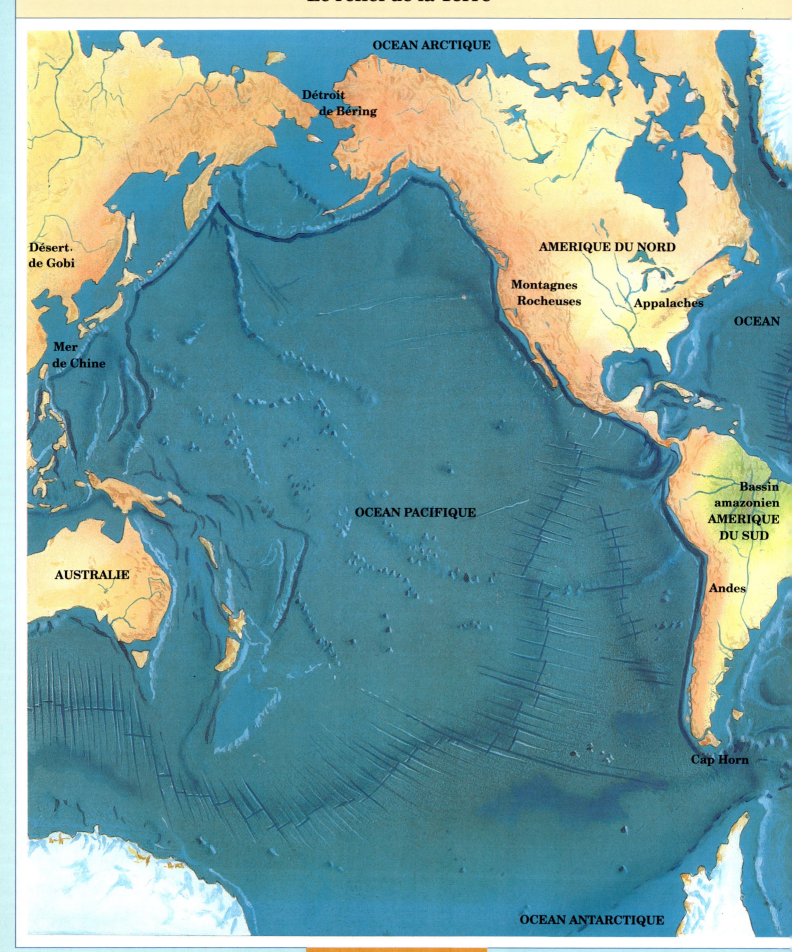

OCEAN ARCTIQUE

Détroit
de Béring

Désert
de Gobi

AMERIQUE DU NORD

Montagnes
Rocheuses

Appalaches

OCEAN

Mer
de Chine

Bassin
amazonien

AMERIQUE
DU SUD

OCEAN PACIFIQUE

AUSTRALIE

Andes

Cap Horn

OCEAN ANTARCTIQUE

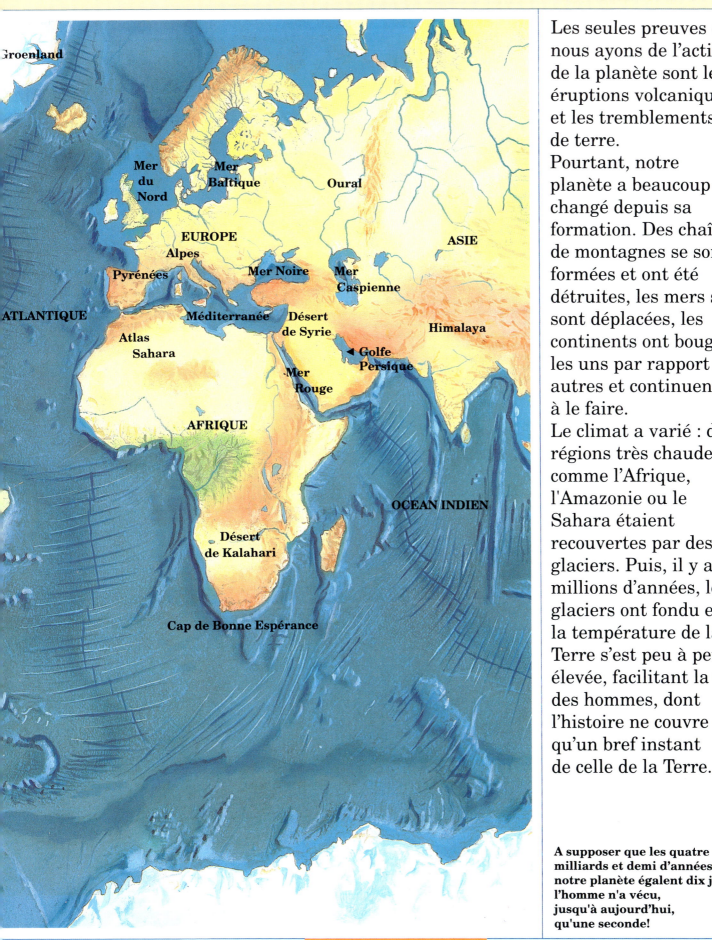

Les seules preuves que nous ayons de l'activité de la planète sont les éruptions volcaniques et les tremblements de terre.

Pourtant, notre planète a beaucoup changé depuis sa formation. Des chaînes de montagnes se sont formées et ont été détruites, les mers se sont déplacées, les continents ont bougé les uns par rapport aux autres et continuent à le faire.

Le climat a varié : des régions très chaudes comme l'Afrique, l'Amazonie ou le Sahara étaient recouvertes par des glaciers. Puis, il y a dix millions d'années, les glaciers ont fondu et la température de la Terre s'est peu à peu élevée, facilitant la vie des hommes, dont l'histoire ne couvre qu'un bref instant de celle de la Terre.

A supposer que les quatre milliards et demi d'années de notre planète égalent dix jours, l'homme n'a vécu, jusqu'à aujourd'hui, qu'une seconde!

Des informations étonnantes, un quizz, des idées d'activités, des records, des poésies, des expressions amusantes, un petit dictionnaire...

Pour en savoir plus

La distance qui sépare la Terre du Soleil est de 148 millions de km.

Le diamètre du Soleil est 110 fois plus grand que celui de la Terre. Son volume est 1 300 000 fois supérieur à celui de notre globe.

Comment savoir si la Lune va vers la nouvelle lune ou si elle va vers la pleine lune? Si la lune décrit la boucle d'un p, c'est le premier quartier. Si elle dessine un d, c'est le dernier quartier.

L'hiver, dans l'hémisphère Nord, est la plus courte saison : il dure 89 jours. L'été, lui, dure 93 jours.
Dans l'hémisphère Sud, l'hiver est au contraire la plus longue saison, avec 93 jours.

Si les montagnes étaient plus hautes, elles seraient aussi plus lourdes. S'appuyant de tout leur poids sur leur base, elles liquéfieraient les roches qui s'y trouvent. Les montagnes s'enfonceraient alors dans le sol, rapetisseraient ou disparaîtraient!

Pourquoi le Soleil apparaît-il parfois rouge sur l'horizon? Parce que, près de l'horizon, les poussières sont nombreuses. De plus, le matin et le soir, les rayons du Soleil parcourent un plus long trajet à travers l'atmosphère. Une grande partie des rayons bleus disparaît et la lumière du Soleil qui vient jusqu'à nous est rouge.

On fabriquait des cadrans pas plus gros qu'un réveil, que l'on pouvait emporter en voyage. D'autres ornaient les façades des églises, des châteaux ou des simples maisons.

Les hommes ont su très tôt estimer l'heure solaire, à l'aide d'un bâton planté dans le sol. Cet instrument s'appelle un gnomon. Puis le gnomon se perfectionna et devint un cadran solaire : ce fut longtemps la seule façon de savoir l'heure.

Si tu observes ton ombre un jour de beau soleil, tu verras qu'elle tourne au cours de la journée et que sa longueur varie. Chaque jour à midi, elle t'indiquera la direction nord-sud. C'est aussi le moment de la journée où ton ombre est la plus courte, parce que le Soleil est au plus haut dans le ciel.

En marquant la place de ton ombre à toutes les heures de la journée, tu peux te faire une horloge solaire.

Les mers et les océans recouvrent 74 % de la superficie de la Terre. Leur profondeur moyenne est de 3 800 m.
Si tout le globe pouvait être nivelé, une couche d'eau de 750 m d'épaisseur recouvrirait la Terre!

La mer gèle lorsque la température est en dessous de - 2 °C. La glace flotte alors en couche plus ou moins épaisse. Le sous-marin Nautilus a percé d'un coup d'éperon la banquise, alors peu épaisse, et a surgi au point précis du pôle Nord en 1954.

Les orages : Benjamin Franklin apporta la preuve, en 1752, que les éclairs n'étaient pas des traits de feu mais un phénomène électrique. Il lança en plein orage un cerf-volant dans le ciel. Au fil qu'il tenait dans sa main, il avait fixé une clé. De cette clé jaillirent bientôt des étincelles. Franklin avait frôlé la mort! Plus tard, il mit au point un paratonnerre.

Des légendes sur l'Univers

Comment expliquer le soleil, la nuit, l'orage, les montagnes? Nos ancêtres n'avaient pas nos connaissances d'aujourd'hui pour comprendre l'organisation de l'Univers. Ainsi, les anciens Germains croyaient que les éclairs étaient les traces du marteau que Thor, dieu du Tonnerre, jetait sur la Terre quand il était en fureur.

Les hommes de l'Antiquité expliquèrent la création du monde par des légendes peuplées de dieux.
Les Grecs disaient qu'au commencement était le vide, d'où sont sortis le ciel Ouranos et la terre Gaia. Leur union donna naissance aux Titans, aux Cyclopes et aux Géants. Le plus jeune des Titans, Cronos, détrôna son père et, pour être sûr de ne pas être détrôné à son tour, dévora ses enfants.

Le soleil inspira de nombreuses légendes :

Le dieu Soleil des Sumériens sort chaque matin d'une caverne puis part dans le ciel sur son char brillant de lumière. Le soir, il disparaît à nouveau dans la montagne.

Pour les Egyptiens, le Soleil représente plusieurs dieux à la fois. Le disque lumineux du soleil est le dieu Aton. A son lever, il est le dieu Khepri. Quand il passe au plus haut dans le ciel, il est Râ. Il devient Atoum quand il se couche. Il est aussi le dieu Horus, à tête de faucon, qui parcourt le monde à bord de sa barque. Horus navigue en se méfiant de son ennemi éternel, le grand serpent du fleuve.

Les montagnes étaient considérées jadis comme les demeures des dieux.
Aujourd'hui encore, dans certains pays, des pèlerins affrontent le froid et la fatigue pour aller prier leurs dieux dans les montagnes.

Au Pérou, des millions d'Indiens partent en pèlerinage au printemps. Par un froid glacial, ils vont prier en un lieu situé près de Cuzco appelé Etoile des neiges. Les Indiens Ukuku rapportent chez eux de la glace découpée dans le glacier, pour guérir les malades.

Mais son épouse voulut sauver le dernier-né, Zeus. Elle mit une pierre dans un lange, et le vorace Cronos l'engloutit à la place de l'enfant. Zeus fut élevé en cachette, dans une caverne. Devenu grand, il obligea son père à recracher ses enfants. Cronos et les Titans furent enchaînés. Zeus fut aussi vainqueur des Géants.
Il put désormais régner sur les dieux maîtres du monde.

Zeus habite le sommet du mont Olympe.
Il brandit la foudre et règne sur le ciel. A ses côtés vivent Héra son épouse, Déméter la déesse de la Terre fertile qui fait pousser les moissons, Poséidon qui règne sur les mers, Apollon le Soleil, dieu de la Guerre, le plus beau des dieux, Aphrodite, déesse de l'Amour, Artémis la chasseresse et bien d'autres dieux!

Records

La plus grande pluie de météorites s'est produite en 1966 au-dessus de l'Arizona, aux Etats-Unis : près de 2 300 météorites sont passées par minute, pendant 20 minutes.

La plus proche voisine de la Terre est la Lune. Galilée observa la Lune à la lunette pour la première fois en 1609.

Le premier contact avec la Lune fut réussi en 1959 par une sonde spatiale soviétique, Luna II.

La plus haute altitude atteinte par l'homme sur la Lune est de 7 830 m, sur les monts Descartes. Les grimpeurs étaient les astronautes Young et Duke, en 1972.

La plus longue éclipse solaire chronométrée a duré 7 minutes et 8 secondes. Elle fut observée aux Philippines en 1955.

A bord d'un avion, on peut observer une éclipse plus longtemps. Ainsi, en 1973, une éclipse fut visible pendant 72 minutes d'un avion Concorde.

En 1522, l'expédition de Magellan boucle le premier tour du monde après trois ans de voyage.
Un seul des cinq navires partis d'Espagne revint en Europe, après avoir navigué toujours vers l'ouest. Ce voyage confirma que la Terre était ronde. Newton démontra plus tard, en 1687, qu'elle était légèrement aplatie aux pôles.

Jupiter, la plus grosse des planètes, a un volume égal à 1 323 fois celui de la Terre.

Mercure est la planète qui tourne le plus vite autour du Soleil

La plus haute montagne de la Terre :
le mont Everest (8 848 m), dans l'Himalaya, fut longtemps considéré comme le point le plus élevé de la Terre.
En 1987, un satellite a donné ce record d'altitude à un autre sommet de l'Himalaya, le K2, dont l'altitude serait de 8 858 à 8 908 m. L'ascension du K2 a été réalisée pour la première fois en 1954, 14 mois après la première conquête de l'Everest.

Le plus haut sommet d'Europe est un volcan éteint, l'Elbrouz, dans la chaîne du Caucase, en U.R.S.S. Il culmine à 5 633 m.

Le plus haut sommet des Alpes est le mont Blanc. Son altitude est de 4 807 m.
Il est à cheval sur les frontières suisse, italienne et française. Il a été vaincu pour la première fois en 1786. Le tunnel du mont Blanc qui passe sous le massif mesure 11,600 km de long.

Le plus grand volcan en activité est le Mauna Loa, à Hawaï. Depuis 1832, il entre en éruption à peu près tous les trois ans et demi.

Le plus grand glacier est le glacier Lambert, en Antarctique, long de plus de 402 km. En France, la mer de Glace et le glacier du Géant, dans les Alpes, totalisent seulement 13 km de long.

Le glacier le plus rapide est le glacier de Quarayaq, au Groenland. Il se déplace de 20 à 24 m par jour.

Les plus grands icebergs peuvent mesurer 700 m de hauteur : 630 m sont sous l'eau et 70 au-dessus du niveau de la mer. Certains ont 2 km de long sur 2 km de large. Le plus haut iceberg observé, au Groenland, mesurait 167 m de haut.

Le désert le plus grand est le Sahara, en Afrique du Nord. Il est dix fois plus vaste que la France.

Les nuages les plus hauts sont les cirrus qui circulent entre 6 000 et 10 000 m. Les nuages les plus bas, les stratus, circulent à 1 000 m.
Les nuages les plus grands en hauteur sont les cumulo-nimbus qui peuvent atteindre 20 km de haut sous les tropiques.

L'île la plus grande est l'Australie qui est aussi un continent. Son territoire est 14 fois plus grand que celui de la France. Ensuite, c'est le Groenland.

Les fleuves les plus longs sont :
L'Amazone, dont le cours a parcouru 7 025 km quand il se jette dans l'Atlantique. Il possède 1 100 affluents et déverse dans l'océan autant d'eau en un jour que la Seine en un an.

Le Nil, qui se jette dans la Méditerranée, mesure 6 700 km. En Europe, le fleuve le plus important est **le Rhin** (1 320 km).

Le point océanique le plus profond, dans la fosse des Mariannes, dans le Pacifique, est à 11 034 m en dessous de la surface de la mer.

Comprendre les fuseaux horaires

Lorsque tu te lèves le matin pour aller à l'école, aux Etats-Unis il fait nuit et les gens dorment encore! Pourquoi l'heure n'est-elle pas la même dans tous les pays de la Terre au même moment?

Tu le sais, la Terre tourne sans arrêt sur elle-même, et le Soleil ne peut éclairer tous les points du globe en même temps.

Pour calculer l'heure dans les autres pays, on prend comme point de départ le méridien zéro qui passe en Grande-Bretagne, à Greenwich. Dès que l'on change de fuseau horaire, on change d'heure.
Par exemple, entre Paris et Pékin, en Chine, il y a 7 fuseaux horaires, donc 7 heures de décalage.

Comme la Terre tourne d'est en ouest, le Soleil se lève plus tôt à l'est. Aussi, quand tu vas vers l'est, tu ajoutes les heures de décalage. Quand tu vas vers l'ouest, tu les soustrais : au même moment, quand il n'est que midi en France, il est déjà 17 heures en Inde et 7 heures du matin à New York.

Mais souvent, pour plus de commodité, un pays renonce à l'heure de son fuseau pour adopter celle du fuseau voisin. C'est le cas de la France, où l'heure a été avancée de 60 minutes afin qu'elle soit la même que celle des autres pays situés dans le fuseau de l'Europe centrale. Aussi, il est midi en France lorsque, d'après le Soleil, il ne devrait être que 11 heures.

Maintenant tu peux calculer toi-même l'heure qu'il est dans les différents pays de la Terre en te servant de cette carte.

Pour s'y retrouver, les hommes ont divisé le globe en grandes tranches, un peu comme les quartiers d'une orange. Ils ont dessiné **des lignes imaginaires : les méridiens.** Ce sont des cercles qui divisent la Terre en 24 quartiers. Dans chaque quartier qui constitue un fuseau horaire, l'heure est la même. Il y en a 24, comme les 24 heures entre deux levers de Soleil : c'est le temps que met la Terre pour faire un tour complet sur elle-même.

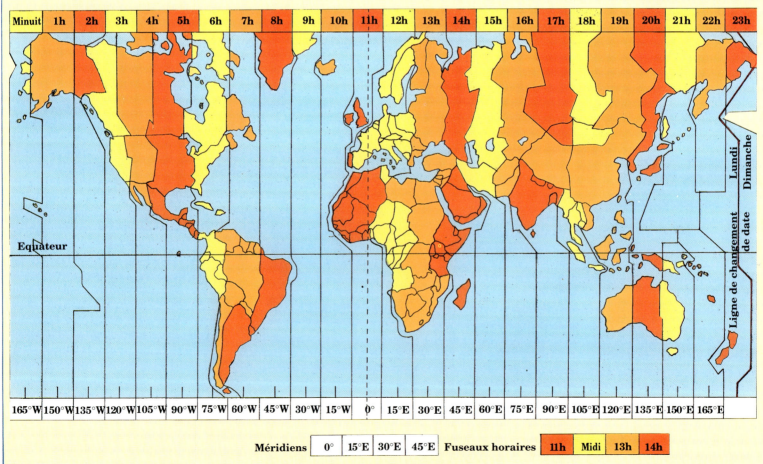

| Minuit | 1h | 2h | 3h | 4h | 5h | 6h | 7h | 8h | 9h | 10h | 11h | 12h | 13h | 14h | 15h | 16h | 17h | 18h | 19h | 20h | 21h | 22h | 23h |

Equateur

Ligne de changement de date

Lundi · Dimanche

165°W 150°W 135°W 120°W 105°W 90°W 75°W 60°W 45°W 30°W 15°W 0° 15°E 30°E 45°E 60°E 75°E 90°E 105°E 120°E 135°E 150°E 165°E

Méridiens | 0° | 15°E | 30°E | 45°E | Fuseaux horaires | 11h | Midi | 13h | 14h

Quel temps fera-t-il demain?

Les paysans, les montagnards, les marins connaissent de nombreux signes qui les aident à prévoir le temps.

La pomme de pin : très sensible à l'humidité de l'air, elle ouvre ses écailles lorsqu'il fait très sec et les resserre à l'approche de la pluie.

La carline : cette fleur qui ressemble au soleil s'ouvre à l'approche du beau temps et se ferme avant le mauvais temps. Le chardon et l'artichaut sauvage font de même.

A l'approche du mauvais temps, les animaux se manifestent :

Les vaches se lèchent.
Les chevaux battent du pied et tendent leur cou pour aspirer l'air avec bruit.
Les abeilles restent dans la ruche.

L'araignée et la grenouille sont de véritables «animaux-baromètres»

S'il doit pleuvoir ou venter, l'araignée renforce ou raccourcit les fils de sa toile. S'il doit faire beau, elle les allonge et les détend. Si elle consolide sa toile le soir, la nuit sera claire et belle. La veille des grands froids ou des tempêtes, elle se réfugie dans ses habitations.

La grenouille verte dans son bocal rempli d'eau sent aussi les changements de temps.
Si elle reste au fond, c'est signe de pluie. Si elle grimpe sur l'échelle placée dans son bocal, c'est signe de beau temps.

Les ânes secouent leurs oreilles et braient sans arrêt.

Les moustiques, les puces, les taons piquent fort.
Les papillons volent près des fenêtres.
Les vers de terre et les escargots sont nombreux.
Les hirondelles volent bas.
Les mouettes battent des ailes au-dessus des maisons.
Les corneilles volent par groupes.
Les taupes fouillent la terre et rehaussent les monticules.

Les poules se grattent, se roulent dans la poussière, appellent leurs petits ou se mettent à l'abri.

Quelques géants de l'astronomie

Voici des astronomes qui ont accompli des pas de géants dans la compréhension du ciel.

Ptolémée vivait à Alexandrie, en Egypte. Il croyait que la Terre était immobile au centre du monde. Son livre d'astronomie a régné sur la science du ciel pendant 1 500 ans.

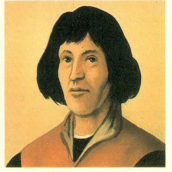

Copernic a bousculé l'astronomie de Ptolémée. Il a affirmé que la Terre tournait sur elle-même en 24 heures, et courait autour du Soleil en une année, faisant d'elle une planète comme les autres.

Kepler a découvert que les planètes ne se déplaçaient pas sur des cercles mais sur des ellipses, et il a donné les lois du mouvement sur ces ellipses.

Quizz

Pour chacune de ces questions, il n'y a qu'une bonne solution! Trouve-la et regarde ensuite les bonnes réponses en bas de page. Joue avec tes amis!

1 Le Soleil est vieux de...
a) 500 millions d'années
b) 5 milliards d'années
c) 12 milliards d'années

2 La Lune est...
a) plus grande que la Terre
b) de même taille
c) plus petite

3 L'équinoxe est le moment de l'année où...
a) le jour est le plus long
b) le jour est le plus court
c) le jour est égal à la nuit

4 L'été, la Terre tourne autour du Soleil...
a) un peu plus lentement
b) un peu plus vite
c) à sa vitesse moyenne

5 Le moment juste avant la nuit s'appelle...
a) l'aube
b) le crépuscule
c) l'aurore

6 Quand il est 9 heures du matin en France, quelle heure est-il à New York?
a) 4 heures du matin
b) 8 heures du soir
c) 3 heures de l'après-midi

7 On entend le tonnerre...
a) en même temps que l'éclair
b) 3 secondes après l'éclair
c) juste avant l'éclair

8 Les marées sont dues...
a) à la rotation de la Terre sur elle-même
b) à l'attraction de la Lune
c) à la rotation de la Terre autour du Soleil

9 Un iceberg est...
a) un morceau de banquise
b) un bloc arraché à un glacier
c) un bout de terre recouvert de glace qui dérive

10 D'une pleine lune à la suivante, il s'écoule...
a) 31 jours
b) 27 jours
c) 29 jours

Galilée a été le premier à utiliser une lunette pour regarder le ciel. C'était en 1609. Tout un monde nouveau lui est apparu : les satellites de Jupiter, les montagnes lunaires et l'anneau de Saturne.

Newton était mathématicien, phycisien, chimiste et astronome. Il a découvert la loi de la gravitation qui fait aussi bien tomber une pomme que tourner la Lune autour de la Terre.

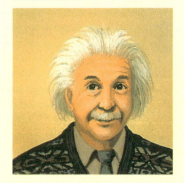

Einstein est le plus célèbre savant du XXe siècle. En découvrant la relativité du temps, il a bouleversé notre vision du monde, de l'infiniment grand à l'infiniment petit. Par exemple, la marche d'une pendule dépend de la vitesse à laquelle elle se déplace. Ce n'est pas la même sur la Terre ou dans une fusée qui avance à grande vitesse.

Les hommes ont toujours rêvé de s'aventurer sous la mer!

Tube et palme de Léonard de Vinci

Au XVᵉ siècle, Léonard de Vinci, peintre et inventeur de génie, dessinait déjà des palmes, des masques et des tubes respiratoires.

11 Quelle est la planète la plus proche du Soleil?
a) Vénus
b) Mercure
c) La Terre

12 Quelle est la planète la plus éloignée du Soleil?
a) Pluton
b) Neptune
c) Uranus

13 On mesure la pression atmosphérique avec...
a) un baromètre
b) un thermomètre
c) un anémomètre

14 Quelle est la couleur extérieure de l'arc-en-ciel?
a) le rouge
b) le jaune
c) l'indigo

15 Un ouragan est un vent de force...
a) 9
b) 10
c) 12

16 Quel est l'océan le plus vaste?
a) l'Atlantique
b) le Pacifique
c) l'Antarctique

17 Le Soleil se lève...
a) à l'est
b) au sud
c) à l'ouest

18 La Terre tourne entre...
a) Vénus et Mars
b) Mercure et Mars
c) Jupiter et Saturne

19 Une étoile filante est...
a) une étoile qui file à travers l'atmosphère
b) une trace lumineuse laissée par une météorite
c) des particules échappées du Soleil

20 La pression atmosphérique est...
a) plus forte au sol
b) plus forte dans les hauteurs
c) égale quelle que soit l'altitude

Réponses: 1 b, 2 c, 3 c, 4 b, 5 b, 6 a, 7 b, 8 b, 9 b, 10 c, 11 b, 12 a, 13 a, 14 a, 15 c, 16 b, 17 a, 18 a, 19 b, 20 a.

Le premier scaphandre en 1837

Au XIXᵉ siècle, un écrivain, Jules Verne, imagina un sous-marin aussi beau qu'un palais. Il le baptisa «Nautilus». Le capitaine Nemo pouvait y observer la faune marine par de grands hublots.
L'exploration sous-marine n'a vraiment commencé qu'avec l'invention du scaphandre autonome. Il ne permet pas de descendre à plus de 90 m. Avec l'invention des bathyscaphes, on a pu descendre à de plus grandes profondeurs. Le premier, inventé par le Français Auguste Piccard, descendit à 1 830 m de profondeur en 1948. En 1960, le «Trieste» battit le record des profondeurs : 10 916 mètres.

La «tortue» (1776)

Abrupt : une pente très raide, à pic est abrupte.

Antarctique : calotte polaire de l'hémisphère Sud. Au centre se trouve un vaste continent glacé.

Antiquité : période de l'histoire pendant laquelle vécurent les plus anciennes civilisations.

Apparence : ce qui est visible mais non réel. La montée du Soleil dans le ciel est une apparence

Arctique : calotte polaire de l'hémisphère Nord. C'est une énorme banquise.

Astre : les étoiles, les planètes sont des astres.

Astrologue : il cherche à expliquer l'influence des astres sur la vie des hommes, sur leur avenir.

Astronome : il étudie l'univers, la position, les mouvements et la constitution des astres.

Atmosphère : couche gazeuse qui enveloppe la Terre. L'air que l'on respire.

Attraction : Le verre qu'on lâche tombe droit : il est attiré vers la Terre.

Aval : bas d'une pente. Le contraire est l'amont.

Baie : la côte se creuse par endroits, formant un petit golfe, une anse.

Banquise : dalle de glace salée recouvrant la mer sur quelques mètres d'épaisseur.

Calotte : masse de neige ou de glace qui recouvre le sommet des montagnes et des régions polaires.

Comète : astre du système solaire habituellement invisible mais dont l'éclat augmente suffisamment à l'approche du Soleil pour en permettre l'observation.

Constellation : groupe d'étoiles présentant un dessin particulier.

Continent : vaste étendue de terres qu'on peut parcourir sans traverser la mer.

Contracter : comprimer, réduire de volume, de longueur.

Cratère : creux s'ouvrant à la partie supérieure d'un volcan et par où les projections et les laves s'échappent.

Crépuscule : lumière qui suit le soleil couchant jusqu'à la nuit complète.

Crevasse : fente plus ou moins profonde et large, à la surface d'un glacier.

Cristaux : particules ayant une forme géométrique, régulière. Les cristaux de neige ont chacun six branches.

Cyclone : vaste tourbillon autour duquel tournent des vents violents. Ce phénomène s'appelle ouragan quand il se produit sur les mers tropicales.

Déferler : se briser. Les vagues retombent sur la plage en roulant avec force.

Degré Celsius : on écrit en abrégé °C. Les thermomètres sont gradués en degrés Celsius.

Delta : partie terminale d'un fleuve, de forme triangulaire. La Terre avance sur la mer.

Dériver : s'écarter de sa route. Le bateau dérive à cause du courant.

Détecter : découvrir une fuite, par exemple, après des recherches minutieuses.

Diamètre : le diamètre d'un cercle est une droite qui joint les bords en passant par le centre.

Diffuser : une lumière diffuse est répandue uniformément et plus ou moins voilée.

Eclair : décharge électrique sous forme d'étincelles éclatant entre deux nuages chargés d'électricité ou entre un nuage et la Terre.

Eclipse : disparition momentanée d'un astre.

Equateur : ligne imaginaire qui partage la Terre en deux moitiés égales, deux hémisphères.

Equinoxe : époque de l'année où la durée du jour est égale à celle de la nuit sur toute la Terre.

Erosion : usure du relief provoquée par le vent, la mer... qui arrachent les matériaux, les transportent, les accumulent.

Estuaire : partie terminale d'un cours d'eau. La mer pénètre profondément dans la terre.

Etoile : astre qui est lumineux par lui-même. Une étoile est une énorme bombe atomique à l'intérieur de laquelle la température atteint des millions de degrés.

Evaporer : quand l'eau se transforme en très fines gouttelettes sous l'action de la chaleur, elle s'évapore et forme dans l'air la vapeur.

Fluide : la lave, très chaude, est fluide : elle s'écoule facilement et se déforme.

Foudre : brusque décharge accompagnée d'explosion, le tonnerre, et de lumière, l'éclair, entre deux nuages ou entre un nuage et le sol.

Galaxie : un ensemble d'étoiles, de poussières, de gaz groupés sous forme d'un disque.

Gaz : l'air est un gaz, une substance ni solide, ni liquide.

Hémisphère : chacune des deux moitiés du globe terrestre. L'hémisphère Nord est appelé boréal; l'hémisphère Sud, austral.

Horizon : ligne imaginaire où le ciel et la terre, ou la mer, semblent se joindre.

Iceberg : énorme bloc de glace de l'inlandsis qui se brise au bord de la mer.

Incas : peuple des Andes, en Amérique du Sud, qui vivait sous l'autorité de l'Inca, fils du Soleil. L'empire inca s'écroula en 1532 avec l'arrivée des conquérants espagnols.

Magma : masse pâteuse qui se forme à l'intérieur de la Terre, à une profondeur où la température et la pression rendent liquides les roches qui le compose.

Mayas : peuple d'Amérique centrale qui établit une brillante civilisation entre 2000 avant Jésus-Christ et 1500.

Météore : phénomène lumineux qui se produit quand un objet venant de l'espace entre dans l'atmosphère.

Météorite : objet solide se déplaçant dans l'espace et qui atteint la surface de la Terre ou d'un autre astre sans être complètement désintégré.

Météorologie : c'est l'étude des phénomènes de l'atmosphère qui permet de prévoir le temps.

Mousson : vent qui souffle surtout dans le sud de l'Asie, pendant six mois de la mer vers la terre (mousson d'été, humide), puis pendant six autres mois de la terre vers la mer (mousson d'hiver, sèche).

Oblique : un rayon oblique est incliné par rapport à une ligne ou une surface.

Orbite : une trajectoire fermée. Une courbe décrite par une planète autour du Soleil ou par un satellite autour de sa planète.

Pétrole : roche liquide qui sert de source d'énergie.

Plancton : animaux microscopiques ou de très petite taille flottant dans la mer.

Radar : appareil qui signale la position et la distance d'un obstacle en émettant des ondes radioélectriques. L'antenne du radar capte les échos.

Révolution : marche d'un astre, temps qu'il met à parcourir son orbite.

Rotation : mouvement circulaire.

Satellite : astre qui tourne autour d'un autre, de masse plus importante. Un satellite artificiel est un engin placé par une fusée sur une orbite autour de la Terre ou d'un autre astre.

Savane : étendue d'herbe parsemée d'arbres dans les régions tropicales.

Sérac : aux endroits où la pente du glacier s'accentue, devient plus raide, la glace se brise en amas, les séracs.

Solstice : en été, le solstice est le moment de l'année où le jour est le plus long.

Tabulaire : plat en forme de table.

Tempéré : un climat tempéré est ni trop chaud, ni trop froid.

Tropiques : régions du globe qui bordent l'équateur. Le tropique de l'hémisphère Nord s'appelle tropique du Cancer; celui de l'hémisphère Sud, tropique du Capricorne.

Univers : le monde entier, l'ensemble de ce qui existe.

Verticale : de haut en bas, en ligne droite.

Zodiaque : zone du ciel dans laquelle on voit se déplacer le Soleil, la Lune et les planètes principales du système solaire, sauf Pluton. Les signes du zodiaque correspondent à chacune des douze parties qui divisent le zodiaque. Ce sont les figures des constellations utilisées en astrologie.

Façons de parler!

Avec le soleil :
Se faire une place au soleil : devenir quelqu'un de très important.
Le soleil brille pour tout le monde : tout le monde à le droit de profiter de certaines choses.
Un soleil de plomb : un soleil extrêmement chaud.

Avec les étoiles :
Avoir confiance en son étoile : croire à la chance, être confiant.
Etre né sous une bonne étoile : avoir de la chance dans la vie.
Dormir à la belle étoile : dormir dehors, sans abri.

Avec la lune :
Décrocher la lune : tenter quelque chose de très difficile, presque impossible.
Depuis des lunes : depuis très longtemps.
Etre dans la lune : être distrait.
Tomber de la lune : être surpris.
Etre mal luné : être de mauvaise humeur.
Quelqu'un de lunatique : qui change souvent d'humeur.

Avec le jour et la nuit :

Belle comme le jour : très belle, très élégante.
Demain il fera jour : rien ne presse!
C'est clair comme le jour : c'est évident, sûr et certain, facile à comprendre.
Couler des jours heureux : vivre paisiblement.
Faire quelque chose au grand jour : sans se cacher, devant tout le monde.
C'est le jour et la nuit : c'est très différent.

Avec les saisons :
Le printemps de ta vie : ta jeunesse.
Il a sept printemps : il a sept ans.

Avec le ciel :
Grâce au ciel : heureusement.
A ciel ouvert : en plein air.
Entre ciel et terre : en l'air.
Remuer ciel et terre : employer tous les moyens pour trouver quelque chose.
Tomber du ciel : arriver sans prévenir.
Etre au septième ciel : être très heureux!

Avec la terre :
Parcourir la terre : voyager beaucoup.
Quitter la terre : mourir.
Vouloir rentrer sous terre : être tout honteux, souhaiter disparaître, se cacher.
Revenir sur terre : sortir de ses rêves.

Avec les volcans :
Dormir sur un volcan : mener une vie calme qui tout à coup peut devenir dangereuse ou animée.

Le petit jour

Le petit jour bat la semelle
Il guette pour voir si j'allume.

Il fait craquer la gelée blanche,
s'amuse à souffler sur la lune.

Son haleine fait de la buée.
Le petit jour a froid aux pieds.

Je me réveille dans mon chaud.
J'aimerais bien prendre mon temps,

n'ouvrir les yeux que s'il fait beau.
Hélas le petit jour m'attend.

– Petit jour qui deviendra grand
Pourquoi frappes-tu à ma porte?

– Je m'ennuie tout seul dans le noir.
Prépare-nous un bon café.

– Petit jour qu'est-ce que tu apportes?
Va au moins me chercher du bois.

– Je t'apporte le rouge-gorge,
l'odeur du brouillard dans les bois.

Je me lève donc avec le jour.
Il entre. Il fait entrer le froid.

Le petit jour devenu grand
disparaît et me laisse en plan.

Me voilà seul avec le feu,
avec le grand jour et le chat.

C'est tous les matins même jeu.
Le jour m'éveille et puis s'en va.

Je dis : on ne m'y prendra plus.
Petit jour, je n'ouvrirai plus.

Mais demain encor je serai content
de me réveiller habitant du temps

avec un petit jour qui m'attend à la porte
et qui bat la semelle, attendant que je sorte.

Claude Roy

Index

A
Abysses 41
Air 28-29
Alluvions 45
Alpes 47, 48
Altiplano 49
Altitude 28, 49
Anémomètre 38-39
Arc-en-ciel 35
Astrologue 15
Astronome 7, 70
Atmosphère 24, 28 à 30
Aurore polaire 25

B
Ballon sonde 39
Banquise 44
Baromètre 38-39
Bathyscaphe 41
Blizzard 31

C
Comète 7, 12
Constellation 14-15
Cordillère des Andes 49
Côtes 45
Courants atmosphériques
30; marins 42
Cratère de météorite 13;
de volcan 51
Crevasse 37

D
Delta 45
Dérive des continents 40
Désert 57, 67

E
Eclair 34
Eclipse lunaire 11;
solaire 17, 66

Ecorce de la Terre 54, 66
Eolienne 31
Equateur 24
Equinoxe 22-23
Erosion 47, 56-57
Estuaire 45
Etoile 14-15, 18

F
Falaise 45
Fjord 45
Fosse marine 67, 71
Foudre 34
Fuseau horaire 68

G
Galaxie 18-19
Girouette 38
Glace 37
Glacier 67
Grande Ourse 15
Grottes 58-59
Gulf Stream 42

H
Himalaya 48-49
Houle 43
Hygromètre 39

I
Iceberg 44
Inlandsis 44

J
Jour 20-21
Jupiter 6-7, 67

L
Lave 50 à 52
Lagune 45
Lune 6, 8 à 11, 17, 64, 66

M
Magma 50 à 52
Marée 42
Mars 6-7
Mercure 6, 66
Météore 66
Météorite 13
Météorologie 38-39, 69
Montagnes 46 à 49, 57, 66
Moraine 57
Mousson 49

N
Nébuleuse 18
Neck 51
Neige 36-37
Neptune 6
Névé 37
Nuages 32-33, 67
Nuit 20-21
Nuit polaire 24-25

O
Océan 40-41, 64
Onde sismique 54-55
Orage 64
Ouragan 31
Oxygène 28

P
Paratonnerre 34
Planète 6-7
Pluie 32-33
Pluton 6-7
Pluviomètre 39
Pôles 24 à 26, 64
Pression atmosphérique
28, 38

R
Radar 39
Raz de marée 43

S
Saisons 22-23, 64
Satellite 7-8; artificiel 13,
39-40
Saturne 6-7
Sérac 37
Sierras 49
Sismographe 55
Soleil 6-7, 14, 16-17, 20 à 24,
28, 35, 64
Soleil de minuit 24-25
Solstice 22-23
Sonde 39
Stalactites 58-59
Stalagmites 58-59
Système solaire 6-7

T
Télescope 19
Terre 6-7, 22, 50
Thermomètre 38
Tonnerre 34
Tornade 31
Tremblement de terre 54-55
Trombe 31
Tropique 24, 27
Tsunamis 43

U
Uranus 6-7

V
Vagues 43, 56
Vent 30-31, 57
Vénus 6-7
Voie Lactée 18
Volcans 50 à 53, 57, 66-67
Volcanologues 52

Z
Zénith 24
Zodiaque 15

Table des matières

La Terre dans l'Univers

6 La Terre tourne autour du Soleil.
7 Elle fait partie du système solaire.
8 La Lune est le satellite de la Terre.
9 Sans le Soleil, nous ne verrions pas la Lune.
10 La Lune et la Terre jouent à cache-cache.
11 Entre la pleine lune et la nouvelle lune, une série de croissants.
12 D'étranges points lumineux traversent parfois le ciel.
13 Les météorites sont les cailloux du système solaire.
14 La naissance des étoiles.
15 Les étoiles sont les points de repère du ciel.

Le Soleil : une étoile de notre galaxie

16 Le Soleil est notre étoile.
17 Le Soleil est parfois éclipsé par la Lune.
18 Notre galaxie est un champ de myriades d'étoiles.
19 Elle n'est qu'un îlot parmi d'autres dans l'Univers.

Le jour, la nuit, les saisons : les cycles de la Terre

20 De l'aube au crépuscule, la course du Soleil.
21 Le jour, la nuit, le jour... cela revient toujours ainsi.
22 Les saisons à quatre temps de nos régions.
23 Le printemps, l'été, l'automne, l'hiver...
24 Toute l'année, il fait chaud à l'équateur et froid aux pôles.
25 Les voiles multicolores de la nuit polaire.
26 Des déserts de sable ou de glace à la jungle...
27 ... les grandes ceintures de la Terre.

Que se passe-t-il dans l'atmosphère?

28 Un manteau gazeux entoure notre planète : c'est l'air.
29 L'air contrôle les températures de la Terre, diffuse la lumière dans le ciel.
30 Le vent est un immense courant d'air.
31 Il pousse les nuages, les accumule et nettoie le ciel.
32 Quand les nuages perdent l'équilibre, il pleut.
33 Les nuages sont les paysages du ciel.
34 Un éclair jaillit, un bruit d'enfer éclate : l'orage gronde.
35 Après la pluie, l'arc-en-ciel s'arrondit comme un pont sur le ciel.
36 La neige, c'est de l'eau transformée en glace.
37 La neige accumulée au fil des ans forme les glaciers.
38 Comment prévoir le temps?
39 Des satellites et des radars guettent la pluie et le beau temps.

Les mers et les océans

40 La planète bleue, c'est notre Terre.
41 Au royaume du profond, un autre monde.
42 Les grands mouvements de la mer.
43 Les courants, les marées, les vagues.
44 De la glace de terre : les icebergs. De la glace de mer : la banquise.
45 Les côtes sont la frontière de deux mondes : les mers et les continents.

Les montagnes

46 Les montagnes sont les toits du monde.
47 Les forces souterraines de la Terre ont plissé, fracturé son écorce.
48 L'Himalaya, les Andes sont de gigantesques forteresses.
49 Elles forment de hautes guirlandes qui s'étirent sur les continents.

L'intérieur du globe

50 Les volcans sont des montagnes vivantes.
51 Les volcans naissent, vivent et s'éteignent.
52 Comment lutter contre la force des volcan ?
53 Il y a plus de 10 000 volcans récents sur la terre ferme!
54 Quand l'écorce de la Terre craque.
55 Les tremblements de terre.
56 Un autre monde sous la terre.
57 Les grottes et les rivières souterraines.

Le relief de la Terre

58 Le grand travail destructeur de l'eau, du vent, du gel...
59 ... sculpte, modèle la surface de la Terre.
60 Le relief de la Terre.
61 Notre planète a beaucoup changé au cours des temps.

64 Pour en savoir plus